化工仪表与自动控制技术

董相军 主编

中国海洋大学出版社
·青岛·

图书在版编目(CIP)数据

化工仪表与自动控制技术 / 董相军主编. — 青岛：
中国海洋大学出版社，2020.12 (2023.2重印)
ISBN 978-7-5670-2740-4

Ⅰ. ①化… Ⅱ. ①董… Ⅲ. ①化工仪表 - 高等职
业教育 - 教材 ②化工过程 - 自动控制系统 - 高等职业
教育 - 教材 Ⅳ. ①TQ056

中国版本图书馆 CIP 数据核字(2021)第 011732 号

化工仪表与自动控制技术

出版发行	中国海洋大学出版社
社 址	青岛市香港东路 23 号　　邮政编码　266071
网 址	http://pub.ouc.edu.cn
出 版 人	杨立敏
策划编辑	孟显丽
责任编辑	孟显丽
电 话	0532 - 85901092
电子信箱	1079285664@qq.com
印 制	日照报业印刷有限公司
版 次	2021 年 3 月第 1 版
印 次	2023 年 2 月第 2 次印刷
成品尺寸	185 mm×260 mm
印 张	10
字 数	224 千
印 数	2001～4000
定 价	38.00 元
订购电话	0532 - 82032573(传真)

发现印装质量问题,请致电 0633 - 8221365,由印刷厂负责调换。

编委会

前　言

在编写过程中,本书编委会成员与青岛海湾化学有限公司企业专家共同完成课程开发设计,共同建设基于工作岗位和典型工作任务的课程内容,使学生能够及时有效对接新知识、新技术、新工艺、新方法。

本书根据中、高职院校学生的特点,以工作过程为导向,以能力为本位编写而成,共包括 7 个项目,分别为分析化工自动控制系统、分析压力自动控制系统、分析液位自动控制系统、设计流量自动控制系统、设计温度自动控制系统、分析复杂控制系统和设计精馏塔控制系统。

本书以学生为中心,尊重学生的个人发展潜力,以使他们踏上工作岗位后成为技术的适应者和技术设计的参与者。

本书编写分工如下:青岛职业技术学院董相军担任主编并编写了项目 1 和 3;青岛职业技术学院周爱华担任副主编,编写了项目 2;青岛职业技术学院张彩霞担任副主编,编写了项目 4;潍坊职业学院贾玉玲担任副主编,潍坊工程职业学院由文颖担任副主编,二人共同编写了项目 5;淄博市工业学校董玉林担任副主编,东营市化工学校周涛担任副主编,二人共同编写了项目 7;项目 6 中任务 6.1 由青岛职业技术学院左常江、山东轻工职业学院石飞和东营市化工学校刘金庆共同编写;任务 6.2 由青岛市化学工业职工中等专业学校侯可宁、菏泽职业学院朱春芝、菏泽职业学院刘凤谨、菏泽职业学院宋晗共同编写;由青岛职业技术学院吕海金教授主审。

限于水平,书中难免有不妥之处,衷心希望读者给予批评指正。

编　者

2020 年 12 月

目 录

项目 1 分析化工自动控制系统 ·· (1)

　　任务 1.1 认识化工自动化 ·· (1)

　　任务 1.2 分析自动控制系统的组成和方框图 ·················· (3)

　　任务 1.3 分析过渡过程和品质指标 ·································· (7)

　　任务 1.4 工艺管道及控制流程图(PID图)分析 ·············· (11)

项目 2 分析压力自动控制系统 ·· (17)

　　任务 2.1 分析测量仪表的性能指标 ·································· (17)

　　任务 2.2 选用压力测量仪表 ·· (23)

项目 3 分析液位自动控制系统 ·· (34)

　　任务 3.1 选用物位检测仪表 ·· (34)

　　任务 3.2 分析对象 ·· (44)

　　任务 3.3 使用控制器 ·· (52)

　　任务 3.4 执行器的选用 ·· (66)

　　任务 3.5 分析液位控制系统 ·· (75)

项目 4 设计流量自动控制系统 ·· (83)

　　任务 4.1 选用流量测量仪表 ·· (83)

　　任务 4.2 设计流量控制系统 ·· (95)

项目 5 设计温度自动控制系统 ·· (100)

　　任务 5.1 选用温度测温仪表 ·· (100)

　　任务 5.2 设计温度控制系统 ·· (111)

项目 6 分析复杂控制系统 ·· (117)

　　任务 6.1 分析串级控制系统 ·· (117)

　　任务 6.2 分析其他复杂控制系统 ······································ (124)

项目 7 设计精馏塔控制系统 ·· (135)

　　任务 7.1 分析精馏塔控制系统 ·· (135)

　　任务 7.2 设计精馏塔控制系统 ·· (140)

附录 ·· (145)

项目 1　分析化工自动控制系统

[项目内容]

- 化工自动化的主要内容；
- 自动控制系统的组成及方块图；
- 自动控制系统的分类；
- 自动控制系统的过渡过程和品质指标；
- 工艺管道及控制流程图。

[项目知识目标]

- 了解自动控制系统的概念、分类，自动化仪表的分类；明确实现自动控制系统的意义，了解自动控制系统的发展概况和发展趋势；
- 理解自动控制系统的组成，明确其工作过程；
- 理解带控制点的流程图，掌握系统框图的画法；
- 理解控制系统的静态和动态的概念，掌握过渡过程基本形式及其物理意义。

[项目能力目标]

- 能识别带控制点的流程图；
- 会分析简单控制系统的控制过程。

任务 1.1　认识化工自动化

[任务描述]

　　石油、化工等工业生产过程由于条件复杂、规模庞大，很多参数必须满足工艺的要求，所以在生产中要使用自动化控制取代手动控制。本次任务是认识自动检测系统、自动信号与连锁保护系统、自动操纵系统和自动控制系统等常见化工自动化系统。

[任务目标]

　　了解自动检测系统、自动信号与连锁保护系统、自动操纵系统和自动控制系统在生产中的作用和应用场合。

[相关知识]

一、化工自动化的发展情况

20世纪40年代以前绝大多数化工生产处于手工操作状况,操作工人根据反映主要参数的仪表的指示情况,用人工来改变操作条件,生产过程单凭经验进行。这种生产方式,效率低,花费庞大。

20世纪50年代到60年代,人们对化工生产各种单元操作进行了大量的开发工作,使得化工生产过程朝着大规模、高效率、连续生产、综合利用的方向迅速发展。

20世纪70年代以来,化工自动化技术水平得到了很大的提高,计算机开始用于生产过程,出现了计算机控制系统。

20世纪80年代末至90年代,现场总线和现场总线控制系统得到了迅速发展。目前,现场总线控制系统已经在世界范围内应用于工业控制的各个领域。

二、化工生产过程自动化的主要内容

为了实现化工生产过程自动化,一般要具备自动检测系统、自动信号和连锁保护系统、自动操纵及自动开停车系统和自动控制系统。

(一)自动检测系统

利用各种仪表对生产过程中主要工艺参数进行测量、指示或记录的系统称为自动检测系统。它取代了操作人员,可以对工艺参数不断进行观察与记录。

图1-1所示的热交换器是利用蒸汽来加热冷液的。冷液经加热后的温度是否达到要求,可用测温元件配上平衡电桥来测量、指示和记录。冷液的流量可用孔板流量计检测,蒸汽压力用压力表指示,配上平衡电桥的测温元件、孔板流量计、压力表即组成自动检测系统。

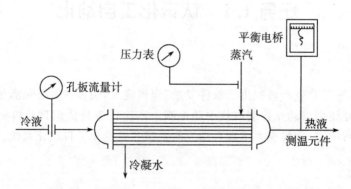

图1-1　热交换器自动检测系统示意图

(二)自动信号和连锁保护系统

生产过程中,由于一些偶然因素的影响而导致工艺参数超出允许的变化范围而出现不正常情况时,事故就有可能发生。为此,人们常对某些关键性参数设置自动信号和连锁保护装置。当工艺参数超过了允许范围,在事故即将发生时,信号系统就自动发出声、光

等信号报警,提醒操作人员注意并及时采取措施。当工艺参数超出允许的极限值时,连锁保护装置就会采取紧急措施,打开安全阀或切断某些通路,必要时紧急停车,以防止事故的发生或扩大。自动信号连锁保护系统是生产过程中的一种安全装置。例如,某反应器的反应温度超过了允许极限值,自动信号系统就会发出声、光信号,报警给工艺操作人员以及时处理生产事故。对生产过程的强化,使得仅靠操作人员直接控制生产过程已不可能,因为在一个强化了的生产过程中,事故常常会在几秒钟内发生,操作人员根本来不及处理。自动信号和连锁保护系统可以圆满地解决这类问题。当反应器的温度到达危险值时,自动信号和连锁保护系统会立即采取措施,加大冷却剂的量或关闭进料阀门,减缓或停止反应,从而避免爆炸等生产事故的发生。

(三)自动操纵及自动开停车系统

自动操纵系统可以根据预先设定的程序自动地对生产设备进行某种周期性操作。如预先设置好自动洗衣机的浸泡时间、洗涤次数、脱水时间后,洗衣机就会按照既定程序进行工作。

自动开停车系统可以按照预先规定好的程序,让生产过程自动运行或自动停车。

(四)自动控制系统

生产过程中,各种工艺条件不可能是一成不变的,这就需要对其中某些关键性参数进行自动控制,使它们在受到外界干扰(扰动)的影响而偏离正常状态时,能自动回到规定的数值范围内,为此目的而设置的系统就是自动控制系统。

初识 DCS

由以上可以看出,自动检测系统只能"了解"生产过程的进行情况,自动信号和连锁保护系统只能在工艺条件进入某种极限状态时才能采取安全措施以避免生产事故的发生,自动操纵及自动开停车系统只能按照预先规定好的程序对生产过程进行某种周期性操纵;只有自动控制系统,才能自动地排除各种干扰因素对工艺参数的影响,使其始终保持在预先规定的数值上,保证生产过程的自动化,满足生产工艺的要求。因此,自动控制系统是自动化生产中的核心部分。

ESD 系统

任务 1.2　分析自动控制系统的组成和方框图

[任务描述]

自动控制系统是在人工控制的基础上产生和发展起来的。本次任务以生产过程中最常见的液位控制为例来介绍自动控制系统的基本组成;为了便于对系统分析研究,用方框图来表示自动控制系统的组成。

[任务目标]

了解自动控制系统的组成,明确其工作过程;了解各个环节之间的联系信号;掌握方框图的画法。

[相关知识]

一、自动控制系统的组成

自动控制系统是在人工控制的基础上产生和发展起来的。所以,在介绍自动控制系统的时候,先分析人工操作并将其与自动控制加以比较,对分析和了解自动控制系统是颇有裨益的。

液体贮槽(图1-2a)在生产中常被用作一般的中间容器或成品罐。由上一道工序来的物料连续不断地流入槽中,而槽中的液体又被送至下一道工序进行加工和包装。通过观察可以发现,流入量(或流出量)的波动会引起槽内液位的波动,严重时会导致液体溢出或被抽空。解决这个问题的简单办法之一,就是以贮槽液位为操作指标,以改变出口阀门开度大小为控制手段来进行控制操作。当液位上升时,要将出口阀门开大,液位上升得越多,阀门就要开得越大;反之,当液位下降时,就要关小出口阀门且液位下降得越多,阀门关得就要越小。为了使贮槽液位的上升或下降都有足够的余地,选择玻璃管液位计中间的某一点为正常工作时的液位高度,通过控制出口阀门的开度而使液位保持在这一高度上,这样,既不会出现贮槽中液位过高而溢流至槽外的现象——溢出或被抽空,也不会出现因贮槽内液体被抽空而发生的事故。归纳起来,操作人员所进行的工作有以下三个方面。

(1)检测:用眼睛观察玻璃管液位计(测量元件)中液位的高低,并通过神经系统告诉大脑;

(2)运算(思考)、命令:大脑根据眼睛看到的液位高度加以思考,并与要求的液位进行比较,得出偏差的大小和正负,然后根据操作经验,经思考、决策后发出命令;

(3)执行:根据大脑发出的命令,通过手去改变阀门开度,以改变流出量 Q_o,从而把液位保持在所需要的高度上。

如图1-2b所示,眼、脑、手三个器官分别担负了检测、运算和执行三个任务来完成测量、求偏差、再控制以纠正偏差的全过程。实践证明,人工控制受到生理上的限制,满足不了大型现代化生产的需要。为了提高控制精度和减轻劳动强度,我们可以用一套自动化装置来代替上述人工操作,这样,人工控制就变为自动控制了。液体贮槽和自动化装置一起构成了一个自动控制系统,如图1-3所示。

为了完成人的眼、脑、手三个器官的任务,自动化装置主要包括三部分,这三个部分分别用来模拟人的眼、脑和手的功能。如图1-3所示,自动化装置的三个部分分别介绍如下。

(1)测量元件与变送器:它的功能是测量液位并将液位的高低转化为一种特定的、统一的输出信号(如标准电流信号、标准气压信号、电压等)。

(2)自动控制器:它接收变送器送来的信号,与工艺要求的液位高度相比较,得出偏差,并按某种运算规律算出结果,用特定信号(电流或气压)发送出去。

(3)执行器:通常指控制阀,它和普通阀门的功能一样,只不过能自动根据控制器送来的信号值改变阀门的开启度。

显然,这套自动化装置具有人工控制中操作人员的眼、脑、手的部分功能。因此,它能完成自动控制贮槽液位的任务。

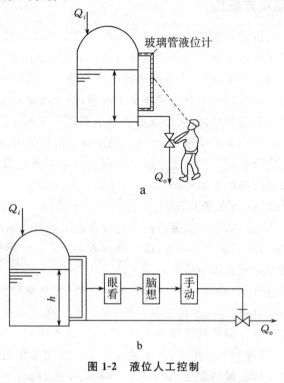

图 1-2 液位人工控制

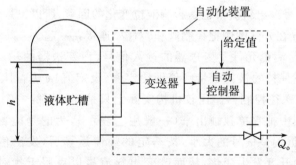

图 1-3 液位自动控制系统图

在自动控制系统的组成中,除了上述的自动化装置外,还必须具有控制装置所控制的生产设备。在自动控制系统中,将需要控制其工艺参数的生产设备或机器叫作被控对象。图 1-3 所示的液体贮槽就是这个液位控制系统的被控对象。化工生产中的各种塔器、反应器、换热器、泵和压缩机以及各种容器、贮槽都是常见的被控对象,甚至一段输气管道也可以是一个被控对象。在复杂的生产设备(如精馏塔、吸收塔等)中,一种设备上可能有好几个控制系统。这样,生产设备的整个装置就不一定都被确定为被控对象。比如说,一个精馏塔,往往塔顶需要控制温度、压力等而塔底需要控制温度、塔釜液位等,有时中部又需要控制进料流量。在这种情况下,就只有塔的某一个与控制有关的相应部分才是某一个控制系统的被控对象。例如,在讨论进料流量的控制系统时,被控对象指的仅是进料管及阀门等而不是整个精馏塔本身。

二、自动控制系统方框图

自动控制系统方框图是控制系统或系统中每个环节的功能和信号流向的图解表示，是设计中对控制系统进行理论分析的一种常用方式。自动控制系统方框图由方框、信号线、比较点、引出点组成。其中，每一个方框表示系统中的一个组成部分(也称为环节)，在方框内填入表示其自身特性的数学表达式或文字说明；信号线是带有箭头的线段，用来表示环节之间的相互关系和信号流向；比较点用于表示对两个或两个以上的信号进行加减运算，"＋"号表示相加，"－"号表示相减；引出点用于表示信号引出，从同一位置引出的信号在数值上和性质上完全相同。作用于方框上的信号被称为该环节的输入信号，由方框送出的信号被称为该环节的输出信号。

图1-4为液位自动控制系统方框图，每个方框表示系统的一个组成部分，这个组成部分称为"环节"。两个方框之间用一条带有箭头的线条表示环节之间的相互关系和信号流向；箭头指向方框表示信号输入这个环节，箭头离开方框表示这个环节输出信号。方框图中线旁的字母表示相互之间的作用信号。

图1-3中的贮槽在图1-4中用一个"对象"方框来表示，其液位在生产过程中要保持恒定，这在自动控制系统中被称为被控变量，用 y 来表示。在方框图中，被控变量 y 就是"对象"的输出。被控变量 y 随进料流量的改变而变化，这种引起被控变量波动的外来因素，在自动控制系统中被称为干扰作用，用 f 表示。干扰作用是作用于对象的输入信号。控制阀的动作会引起出料流量的改变；如果用一方框表示控制阀，那么出料流量即为"控制阀"方框的输出信号。出料流量也是影响液位变化的因素，所以也是作用对象的输入信号。出料流量信号 q 在方框图中把控制阀和"对象"连接在一起。

贮槽液位信号是测量元件及变送器的输入信号，而变送器的输出信号 z 进入比较机构，与工艺上希望保持的被控变量数值即给定值(设定值) x 进行比较，得出偏差信号 $e(e=x-z)$，并将之送往控制器。比较机构实际上只是控制器的一个组成部分，不是一个独立的仪表，在图中把它单独画出来(一般用○表示)，为的是能更清楚地说明其比较作用。控制器根据偏差信号的大小，按一定的规律运算后，发出信号 p 并将之送至控制阀，使控制阀的开度发生变化，从而改变出料流量以克服干扰对被控变量(液位)的影响。控制阀通过开度变化发挥控制作用。具体实现控制作用的变量是操纵变量，如图1-4中流过控制阀的出料流量就是操纵变量。

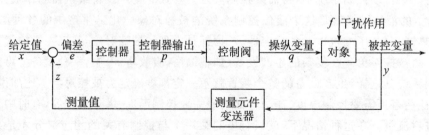

图1-4　液位自动控制系统方框图

必须指出,方框图中的每一个方框都代表一个具体装置。方框与方框之间的连接线只是表示方框之间有信号联系,并不表示方框之间有物料联系。

对于任何一个简单的自动控制系统,只要按照上面的原则去作方框图时就会发现,它的各个组成部分在信号传递上都会形成一个闭合回路;其中任何一个信号,只要沿着箭头方向前进,通过若干个环节后,最终又会回到原来的起点。所以,自动控制系统是一个闭环系统。

系统的输出变量是被控变量,但是它经过测量元件变送器后,又返回系统的输入端并与给定值进行比较。这种把系统(或环节)的输出信号直接或经过一些环节重新返回到输入端的做法叫反馈。在测量信号 z 旁有个负号"一",而在给定值 x 旁有一个正号"十"(正号可以省略)。这里正和负的意思是在比较时以 x 为正值、以 z 为负值,也就是说,控制的偏差信号 $e=x-z$。因为 z 取负值,所以叫作负反馈;负反馈能够使原来的信号减弱。在自动控制系统中都采用负反馈。因为当被控变量 y 受到干扰而升高时,测量信号 z 也会升高,经过负反馈比较到控制器去的偏差信号 e 则降低。此时,控制器将发出信号从而使控制阀的开度发生变化且变化的方向为负,从而使被控变量下降重新回到给定值,达到控制目的。如果 z 取正值,$e=x+z$,系统则为正反馈。采用正反馈,不仅不能克服干扰的影响,反而会推波助澜,破坏正常生产。

综上所述,自动控制系统是具有被控变量负反馈的闭环系统。它与自动检测、自动操纵等开环系统相比较,最本质的区别就在于自动控制系统有负反馈。

三、自动控制系统的分类

在分析自动控制系统的特性时,经常要将自动控制系统根据被控变量的给定值是否变化和如何变化来分类。这样,可将自动控制系统分为三类:定值控制系统、随动控制系统和程序控制系统。

(一)定值控制系统

"定值"是恒定给定值的简称。在工艺生产中,若要求自动控制系统的作用是使被控制的工艺参数保持在一个生产指标上不变,或者是要求被控变量的给定值不变,就需要采用定值控制系统。

(二)随动控制系统(自动跟踪系统)

给定值随机变化,该系统的目的就是使所控制的工艺参数准确而快速地随给定值的改变而变化。

(三)程序控制系统(顺序控制系统)

给定值变化,但它是一个已知的时间函数,即生产技术指标需要按一定的时间程序变化。这类系统在间歇生产过程中应用得较为广泛。

任务1.3 分析过渡过程和品质指标

[任务描述]

控制系统的过渡过程是衡量控制系统品质的依据。由于在大多数情况下,人们都希望得到衰减振荡过程,所以本次任务以衰减振荡的过渡过程为例来讨论控制系统的品质指标。

[任务目标]

了解控制系统过渡过程的基本形式,学会计算控制系统的品质指标,分析影响控制系统过渡过程品质指标的主要因素。

[相关知识]

一、控制系统的静态与动态

自动控制的目的是希望将被控变量保持在一个不变的给定值上,这只有在进入被控对象的物料量(或能量)和流出对象的物料量(或能量)相等时才有可能。

静态是被控变量不随时间的改变而变化的平衡状态(变化率为 0 而不是静止)。当一个自动控制系统的输入量和输出量均恒定不变时,整个系统就处于一种相对稳定的平衡状态,系统的各个组成环节如变送器、控制器、控制阀都不改变其原先的状态,它们的信号输出也都处于相对静止状态,这种状态就是静态。

动态是被控变量随时间的改变而变化的不平衡状态。从干扰作用破坏静态平衡直到经过控制重新建立新平衡,在这一段时间里,整个系统的各个环节和信号输出都处于变动状态之中,这种变动状态叫作动态。

在自动化工作中,了解系统的静态是必要的,但是了解系统的动态更为重要。因为在生产过程中,干扰是客观存在的,是不可避免的,需要通过自动化装置不断地施加控制作用去对抗或抵消干扰作用的影响,从而使被控变量保持在工艺流程所要求控制的技术指标上。

二、控制系统的过渡过程

当干扰 f 作用于对象使系统输出 y 发生变化时,在系统负反馈作用下,经过一段时间,系统便重新恢复平衡。这种由一种平衡状态过渡到另一种平衡状态的过程,称为控制系统的过渡过程。

系统在过渡过程中,被控变量是随时间的改变而变化的。被控变量随时间的改变而发生的变化首先取决于作用于系统的干扰形式。在生产过程中,出现的干扰没有固定形式且多半具有随机性质。在分析和设计控制系统时,为了安全和方便,常选择一些定型的干扰形式,其中常用的是阶跃干扰。如图 1-5 所示,阶跃干扰是指在某一瞬间 t_0 干扰突然阶跃式地加到系统上,并继续保持在这个幅度上。

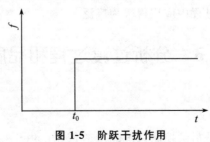

图 1-5　阶跃干扰作用

这种形式的干扰比较突然且危险，对被控变量的影响也很大。如果一个控制系统能够有效克服这种类型的干扰，那么就一定能更好地克服比较缓和的干扰；而且，阶跃干扰形式简单，容易实现，便于分析、实验和计算。

三、过渡过程的基本形式

一般来说，自动控制系统在阶跃干扰作用下的过渡过程有四种基本形式，如图 1-6 所示。

（一）非周期衰减过程（图 1-6a）

被控变量在给定值的某一侧做缓慢变化，没有来回波动，最后稳定在某一数值上。由于这种过渡过程变化缓慢，被控变量在控制过程中长时间地偏离给定值，不能很快恢复平衡状态，所以一般不予采用，只是在生产上不允许被控变量有波动的情况下才被采用。

（二）衰减振荡过程（图 1-6b）

被控变量上下波动，但幅度逐渐减小，最后稳定在某一数值上。在衰减振荡过程中，系统能够较快地达到稳定状态，所以在多数情况下都希望得到该种过渡过程。

（三）等幅振荡过程（图 1-6c）

被控变量在给定值附近来回波动且波动幅度保持不变。一般认为，该种过渡过程不稳定，生产上不予采用。只是对于某些控制质量要求不高的场合，如果被控变量允许在工艺许可的范围内振荡，那么这种过渡过程的形式是可以采用的。

（四）发散振荡过程（图 1-6d）

被控变量来回波动且波动幅度逐渐变大，即偏离给定值越来越远，被控变量在控制过程中不但不能达到平衡状态，而且逐渐远离给定值，将导致被控变量超越工艺允许范围，严重时甚至会引起事故，故这种过渡过程是生产上所不允许的，应当尽力避免。

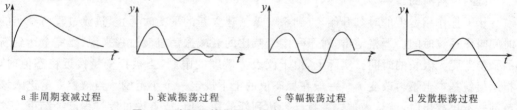

a 非周期衰减过程　　　b 衰减振荡过程　　　c 等幅振荡过程　　　d 发散振荡过程

图 1-6　阶跃干扰作用下过渡过程的四种基本形式

四、控制系统的控制指标

控制系统的过渡过程是衡量控制品质的依据。在多数情况下，化工企业希望得到衰减振荡过程。在此，以衰减振荡过程为例来讨论控制系统的品质指标。

（一）最大偏差或超调量

最大偏差是指在过渡过程中，被控变量偏离给定值的最大数值。在衰减振荡过程中，最大偏差就是第一个波的峰值，即图 1-7 中的 A。特别是对于一些有约束条件的系统，如化学反应器的化合物爆炸极限、触媒烧结温度极限等，都会对最大偏差的允许值有所限制。

超调量也可以用来表征被控变量偏离给定值的程度，在图 1-7 中超调量以 B 表示。从图 1-7 中可以看出，超调量 B 是第一个峰值 A 与新稳定值 C 之差。

(二)衰减比

虽然前面已提及化工企业希望得到衰减振荡的过渡过程,但是衰减快慢的程度多少为适当的呢?表示衰减程度的指标是衰减比,它是前后相邻两个峰值的比。在图 1-7 中衰减比是 $B:B'$,习惯表示为 $n:1$,一般 n 取为 4~10 之间为宜。

(三)余差

当过渡过程终了时,被控变量所达到的新的稳态值与给定值之间的偏差叫作余差,或者说,余差就是过渡过程终了时的残余偏差,在图 1-7 中以 C 表示。偏差的数值可正可负。在生产中,给定值是生产的技术指标,所以,被控变量越接近给定值越好;也就是说,余差越小越好。但在实际生产中,也并不是要求任何系统的余差都很小,如一般贮槽的液位调节要求就不高,这种系统往往允许液位有较大的变化范围,余差就会大一些。化学反应器的温度控制,要求比较高,应当尽量消除余差。所以,对余差大小的要求必须结合具体系统来具体分析。

有余差的控制过程称为有差调节,相应的系统称为有差系统;反之,就为无差调节和无差系统。

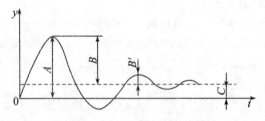

图 1-7 过渡过程品质指标示意图

(四)过渡时间

从干扰作用发生的时刻开始,直到系统重新建立新的平衡时为止,过渡过程所经历的时间叫作过渡时间。严格地讲,对于一定衰减比的衰减振荡过渡过程来说,要完全达到新的平衡需要无限长的时间。实际上,由于仪表灵敏度的限制,当被控变量接近稳态值时,指示值就基本上不再改变了。一般在稳态值的上下规定一个小范围。当被控变量进入该范围并不再越出时,就认为被控变量已经达到新的稳态值,或者说过渡过程已经结束。这个范围一般被定为稳态值的 $\pm5\%$(也有的规定为 $\pm2\%$)。按照这个规定,过渡时间就是从干扰开始作用直至被控变量进入新稳态值的 $\pm5\%$(或 $\pm2\%$)的范围内且不再越出时为止所经历的时间。过渡时间短,表示过渡过程进行得比较迅速,系统控制质量高;反之,过渡过程时间长,第一个干扰引起的过渡过程尚未结束,第二个干扰就已经出现,控制质量较差,满足不了生产要求。

(五)振荡周期和振荡频率

过渡过程同向两波峰(或波谷)之间的间隔时间叫作振荡周期或工作周期,其倒数称为振荡频率。在衰减比相同的情况下,振荡周期与过渡时间成正比。通常,振荡周期短一些为好。

综上所述,过渡过程的品质指标主要有最大偏差、衰减比、余差、过渡时间等。这些指标在不同的系统中各有其重要性,而且它们相互之间既有矛盾又有联系。因此,我们应根据具体情况分清主次、区别轻重,对那些生产过程具有决定性意义的主要品质指标应优先予以保证。另外,对一个控制系统提出的品质要求或评价一个系统的质量,应从实际需求出发,不能太高太严,否则会造成人力物力的巨大浪费。

【例 1.1】 某换热器的温度控制系统在单位阶跃干扰作用下的过渡过程曲线如图 1-8 所示。试分别求出最大偏差、余差、衰减比、振荡周期和过渡时间(给定值为 200 ℃)。

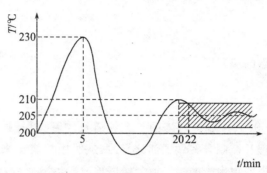

图 1-8 温度控制系统过渡过程曲线

解:最大偏差 $A = 230 ℃ - 200 ℃ = 30 ℃$

余差 $C = 205 ℃ - 200 ℃ = 5 ℃$

由图 1-8 上可以看出,第一个波峰值 $B = 230 ℃ - 205 ℃ = 25 ℃$,

第二个波峰值 $B' = 210 ℃ - 205 ℃ = 5 ℃$,

故衰减比应为 $B : B' = 25 : 5 = 5 : 1$。

振荡周期为同向两波峰之间的时间间隔,故周期 $T = 20 \text{ min} - 5 \text{ min} = 15 \text{ min}$。

过渡时间与规定的被控变量限制范围大小有关。假定被控变量进入额定值的 $±2\%$,就可以认为过渡过程已经结束,那么限制范围为 $200 ℃ × (±2\%) = ±4 ℃$。这时,可在新稳态值(205 ℃)两侧以宽度为 $±4 ℃$ 画一区域。图 1-8 以画有阴影线的区域表示,只要被控变量进入这一区域且不再越出,过滤过程就可以认为已经结束。因此,由图 1-8 可以看出,过渡时间为 22 min。

五、影响控制指标的主要因素

一个自动控制系统可以分为两大部分:工艺过程部分(被控对象)和自动化装置部分。前者指与该自动控制系统有关的部分。后者指为实现自动控制所必需的自动化仪表设备,通常包括测量与变送装置、控制器和执行器等三部分。对于一个自动控制系统,过渡过程品质的好坏在很大程度上取决于对象的性质。例如在前所述的温度控制系统中,属于对象性质的主要因素有换热器的负荷大小,换热器的结构、尺寸、材质等,换热器内的换热情况、散热情况及结垢程度等。不同自动化系统要具体分析。

任务 1.4 工艺管道及控制流程图(PID 图)分析

[任务描述]

确定工艺流程以后,工艺人员和自控设计人员应共同研究并制订控制方案。控制方案

认识化工设计中
常见的阀门符号

包括流程中各测量点的选择、控制系统的确定以及有关自动信号、连锁保护系统的设计等。在控制方案确定以后,根据工艺设计给出的流程图,按其流程顺序标注出相应的测量点、控制点、控制系统及自动信号与连锁保护系统等,就可以得到工艺管道及控制流程图(PID 图)。

[任务目标]

能看懂带有控制点的流程图。

[相关知识]

图 1-9 是乙烯生产过程中脱乙烷塔的工艺管道及控制流程图。为了便于说明问题,本书对实际的工艺过程及控制方案做了部分修改:从脱甲烷塔出来的釜液进入脱乙烷塔脱除乙烷。从脱乙烷塔塔顶出来的碳二馏分经塔顶冷凝器冷凝后,部分作为回流,其余则进入乙炔加氢反应器进行加氢反应。从脱乙烷塔底出来的釜液部分经冷凝后再返回塔底,其余则进入脱丙烷塔脱除丙烷。

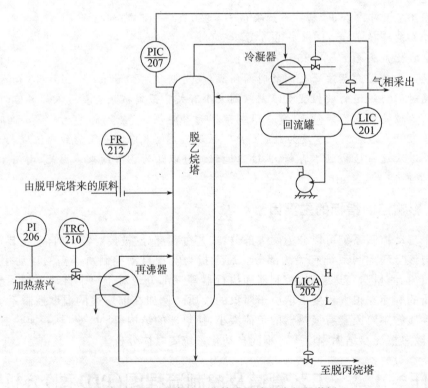

图 1-9 脱乙烷塔的工艺管道及控制流程图举例

在顺序分离流程中,裂解气经脱甲烷塔系统脱除甲烷和氢气等轻组分后,由脱甲烷塔塔釜得到 C_2 及以上馏分,作为脱乙烷塔的进料由脱乙烷塔顶切割出 C_2 馏分,并进一步精制分离出乙烯产品,脱乙烷塔釜液则为 C_3 及以上馏分,送至脱丙烷塔做进一步处理。

一、图形符号

(一)测量点

测量点一般是由工艺设备轮廓线或工艺管线引到仪表圆圈的连接线的起点,通常无特定的图形符号,如图 1-10a 和图 1-10b 所示。

必要时,检测元件也可以用象形或图形符号表示。例如流量检测采用孔板时,检测点可用图 1-10c 符号表示。

图 1-10 测量点的一般表示方法

(二)连接线

通用的仪表信号线均以细实线表示。连接线表示交叉及相接时,采用图 1-11 所示的形式;必要时,也可用加箭头的方式表示信号的方向。

交叉　　　　相接　　　　方向

图 1-11 连接线的表示法

(三)仪表(包括检测、显示、控制)符号

仪表的图形符号是一个细实线圆圈,直径约 10 mm,对于不同的仪表安装位置的图形符号见表 1-1。

认识化工仪表安装
位置的图形符号

表 1-1 仪表安装位置与图形符号

序号	安装位置	图形符号	备注	序号	安装位置	图形符号	备注
1	就地安装仪表	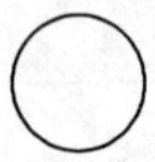 ○		4	集中仪表盘后安装仪表	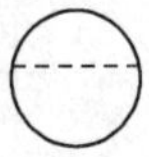 ⊝	
		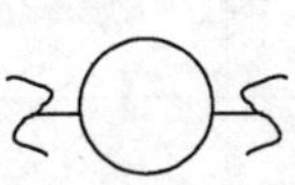 ○	嵌在管道中	5	就地仪表盘后安装仪表	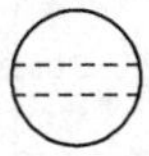 ⊝	
2	集中仪表盘面安装仪表	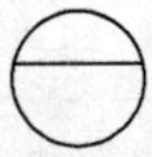 ⊖					
3	就地仪表盘面安装仪表	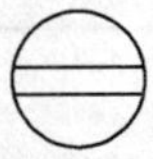 ⊜					

二、字母代号

在控制流程图中,用来表示仪表的小圆圈的上半圆内,一般写有两位(或两位以上)字母:第一位字母表示被测变量、后继字母表示仪表的功能。常用被测变量和仪表功能的字母代号见表 1-2。

表 1-2　常用被测变量和仪表功能的字母代号

字母	第一位字母		后继字母
	被测变量	修饰词	功能
A	分析		报警
C	电导率		控制(调节)
D	密度	差	
E	电压		检测元件
F	流量	比(分数)	
I	电流		指示
K	时间或时间程序		自动-手动操作器
L	物位		
M	水分或湿度		
P	压力或真空		
Q	数量或件数	积分、累积	积分、累积
R	放射性		记录或打印
S	速度或频率	安全	开关、连锁
T	温度		传送
V	黏度		阀、挡板、百叶窗
W	力		套管
Y	供选用		继动器或计算器
Z	位置		驱动、执行或未分类的终端执行机构

现以图 1-9 来说明仪表的安装方式及仪表的功能。

塔顶的压力控制系统中的 PIC-207 中,第一位字母 P 表示被测变量为压力,第二位字母 I 表示具有指示功能,第三位字母 C 表示具有控制功能。因此,PIC 的组合就表示一台具有指示功能的压力控制器,该控制系统是通过改变气相采出量来维持塔压稳定的。

塔底的液位控制系统中的 LIC-202 代表一台具有指示、报警功能的液位控制器,它是通过改变塔底采出量来维持塔釜液位稳定的。仪表圈外标有"H""L"字母,表示该仪表具有高低限报警,在塔釜液位过高或过低时会发出声、光报警信号。

三、仪表位号

在检测、控制系统中,构成回路的每个仪表都应有各自的仪表位号。仪表位号是由字母代号组合和阿拉伯数字编号两部分组成的。字母代号的意义在前面已经解释过。阿拉伯数字编号写在圆圈的下半部,其第一位数字表示工段号,后续数字(两位或三位数字)表示仪表序号。图 1-9 中仪表的数字编号第一位都是 2,表示脱乙烷塔在乙烯生产中属于第二工段。通过控制流程图可以看出每台仪表的测量点位置、被测变量、仪表功能、工段号、仪表序号、安装位置等。例如,图 1-9 中的 PI-206 表示测量点在加热蒸汽管线上的蒸汽压力指示仪表,该仪表为就地安装,工段号为 2,仪表序号为 06;而 TRC-210 表示同一工段的一台温度记录控制仪,其温度的测量点在塔的下部,仪表安装在集中仪表盘面上。

思考题

1. 什么是化工自动化? 它有什么重要意义?
2. 化工自动化主要包括哪些内容?
3. 闭环控制系统与开环控制系统有什么不同?
4. 自动控制系统是怎样构成的? 其各组成环节起什么作用?
5. 下图是一反应器温度控制系统示意图。A、B 两种物料进入反应器进行反应,通过改变进入夹套的冷却水流量来控制反应器内的温度不变。试画出该温度控制系统的方框图,并指出该系统中的被控对象、被控变量、操纵变量及可能影响被控变量的干扰分别是什么。

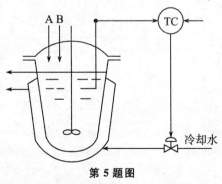

第 5 题图

6. 什么是反馈? 什么是正反馈和负反馈?
7. 什么是控制系统的静态与动态?
8. 在阶跃扰动作用下,自动控制系统的过渡过程有哪些基本形式? 哪些过渡过程能基本满足控制要求?
9. 某化学反应器工艺规定的操作温度为(900±10)℃。考虑安全因素,控制过程中温度偏离给定值最大不得超过 80 ℃。现设计的温度定值控制系统,在最大阶跃干扰作用下的过渡过程曲线如图所示。试求最大偏差、衰减比、余差、过渡时间和振荡周期等过渡过程品质指标,并说明该控制系统是否满足题中的工艺要求。

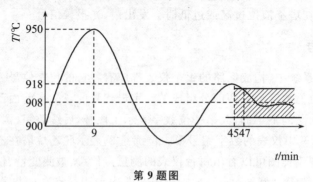

第 9 题图

项目 2 　分析压力自动控制系统

［项目内容］

- 分析检测仪表的性能指标；
- 选用压力测量仪表。

［项目知识目标］

- 了解检测仪表的性能指标；
- 了解压力检测仪表的结构、原理和特点；
- 掌握压力仪表的选择与安装方法。

［项目能力目标］

- 能对压力仪表进行选择、安装、测量、校验和仪表故障的判断。

任务 2.1 　分析测量仪表的性能指标

［任务描述］

　　一台测量仪表性能的优劣,在工程上可用准确度、变差、灵敏度、线性度等性能指标来衡量。本次任务是介绍仪表的各种性能指标。

［任务目标］

　　能用指标评价仪表性能的优劣,掌握仪表校验数据的处理方法。

［相关知识］

一、测量过程与测量误差

（一）测量过程

　　测量过程是指在化工生产中,应用仪表通过正确的测量方法,准确获取表征被测对象的定量信息的过程。虽然所应用的测量仪表种类很多,但从测量过程来看,各种测量却有相同之处。例如,弹簧管压力表之所以能用来测量压力,是由于弹簧管受压后发生弹性形变,把被测压力转换为弹性位移,然后通过弹性机械传动放大,变成压力表指针的偏移,并与压力表刻度标尺上的测量单位比较而显示出被测压力的数值。又如,各种炉温的测量,利用热电偶的热电效应,把被测温度转换成直流毫伏信号,然后变为毫伏测量仪表上的指针位移,并与温度标尺相比较而显示出被测温度的数值等。由此可见,各种测量方法及仪表不论应用哪种原理,它们的共性在于被测参数都要经过一次或多次的信号变换,最后获得便于测量的信号,由指针的位移或数字形式显示出来。所以各种测量仪表的测量过程,实质上就是被测参数信号的一次或多次不断变换或传送,并将被测参数与其相应的测量单位进行比较的过程,而测量仪表就是实现变换比较的工具。

(二)测量误差

由于在测量过程中使用的工具本身的准确性有高低之分,检测环境等因素发生变化也会影响测量结果的准确性,使得从检测仪表获取的被测值与被测变量真实值之间会存在一定的差距,这一差距称为测量误差。仪表的误差有以下几种形式。

1.绝对误差

绝对误差在理论上是指测量值 x_i 与被测量的真值 x_0 之间的差值,可以表示为

$$\Delta = x_i - x_0 \tag{2.1}$$

所谓真值是指被测物理量客观存在的真实数值,它是无法得到的理论值。因此,所谓测量仪表在其标尺范围内各点读数的绝对误差,一般是指用被校表(准确度较低)和标准表(准确度较高)同时对同一被测变量进行测量所得到的两个读数之差,可表示为

$$\Delta = x - x_0 \tag{2.2}$$

式中,Δ 为绝对误差;

    x 为被校表的读数值;

    x_0 为标准表的读数值。

2.相对误差

相对误差等于某一点的绝对误差 Δ 与标准表在这一点的指示值之比,可表示为

$$y = \frac{\Delta}{x_0} = \frac{x - x_0}{x_0} \tag{2.3}$$

3.相对百分误差

相对百分误差指仪表指示值的最大绝对误差 Δ_{max} 与测量量程之比,用百分数表示,即

$$\delta = \frac{\Delta_{max}}{x_{max} - x_{min}} \times 100\% \tag{2.4}$$

式中,δ 为相对百分误差;

    x_{max} 为测量的上限值;

    x_{min} 为测量的下限值。

二、检测仪表的品质指标

一台测量仪表性能的优劣,在工程上可用如下指标来衡量。

(一)准确度(精确度)

仪表的测量误差可以用绝对误差 Δ 来表示。但是,仪表的绝对误差在测量范围内的各点不相同。因此,常说的"绝对误差"指的是绝对误差中的最大值 Δ_{max}。

事实上,仪表的准确度不仅与绝对误差有关,而且与仪表的测量范围有关。例如,两台测量范围不同的仪表,如果它们的绝对误差相等的话,测量范围大的仪表准确度较测量

范围小的高。因此,工业上经常将绝对误差折合成仪表测量范围的百分数来表示。

根据仪表的使用要求,规定一个在正常情况下允许的最大误差,这个允许的最大误差就叫作允许误差。允许误差一般用相对百分误差来表示,即某一台仪表的允许误差是指在规定的正常情况下允许的相对百分误差的最大值,即

$$\delta_{允} = \pm \frac{仪表允许的最大绝对误差值}{标尺上限值 - 标尺下限值} \times 100\% \tag{2.5}$$

仪表的 $\delta_{允}$ 越大,表示它的精确度越低;反之,仪表的 $\delta_{允}$ 越小,表示仪表的精确度越高。将仪表的允许相对百分误差去掉"±"号及"%"号,便可以用来确定仪表的精确度等级。目前常用的精确度等级有 0.005,0.02,0.05,0.1,0.2,0.4,0.5,1.0,1.5,2.5,4.0 等。

【例 2.1】 某台测温仪表的测温范围为 200～700 ℃,校验该表时得到的最大绝对误差为 ±4 ℃,试确定该仪表的相对百分误差与准确度等级。

解:该仪表的相对百分误差为

$$\delta = \frac{\pm 4}{700 - 200} \times 100\% = \pm 0.8\% \tag{2.6}$$

如果将该仪表的 δ 去掉"±"号与"%"号,其数值为 0.8。由于国家规定的精度等级中没有 0.8 级仪表,同时,该仪表的误差超过了 0.5 级仪表所允许的最大误差,所以这台测温仪表的精度等级为 1.0 级。

【例 2.2】 某台测温仪表的测温范围为 0～1000 ℃。根据工艺要求,温度指示值的误差不允许超过 ±7 ℃,试问应如何选择仪表的精度等级才能满足以上要求?

解:根据工艺上的要求,仪表的允许误差为

$$\delta_{允} = \frac{\pm 7}{1000 - 0} \times 100\% = \pm 0.7\% \tag{2.7}$$

如果将仪表的允许误差去掉"±"号与"%"号,其数值介于 0.5～1.0 之间;如果选择精度等级为 1.0 级的仪表,其允许的误差为 ±1.0%,超过了工艺上允许的数值,故应选择 0.5 级仪表才能满足工艺要求。

由以上两个例子可以看出,根据仪表校验数值来确定仪表准确度等级和根据工艺要求来选择仪表准确度等级,情况是不一样的。根据仪表校验数据来确定仪表准确度等级时,仪表的允许误差应该大于(至少等于)仪表校验时所得的相对百分误差;根据工艺要求来选择仪表准确度等级时,仪表的允许误差应该小于(至多等于)工艺上所允许的最大相对百分误差。

仪表的准确度等级是衡量仪表质量优劣的重要指标之一。准确度等级数值越小,就表征该仪表的准确度等级越高,仪表的准确度越高。0.05 级以上的仪表,常用来作为标准表;工业现场用的测量仪表,其准确度大多在 0.5 级以下。

仪表的精度等级一般可用不同的符号形式标志在仪表面板上,如

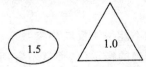

注意:在工业上应用时,对检测仪表准确度的要求,应根据生产操作的实际情况和该

参数对整个工艺过程的影响程度所提供的误差允许范围来确定,这样才能保证生产的经济性和合理性。

(二)变差

变差是指在外界条件不变的情况下,用同一仪表对被测量值在仪表全部测量范围内进行正反行程(即被测参数逐渐由小到大和逐渐由大到小)测量时,被测量值正行和反行所得到的两条特性曲线之间的最大偏差,如图 2-1 所示。

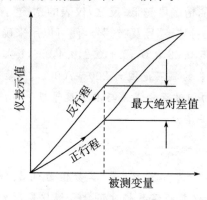

图 2-1 测量仪表变差

造成变差的原因很多,如传动机构间存在的间隙和摩擦力、弹性元件的弹性滞后等。变差的大小用正反行程间仪表指示值的最大绝对误差与仪表量程之比的百分数来表示。

$$变差 = \frac{最大绝对误差值}{标尺上限值-标尺下限值} \times 100\% \tag{2.8}$$

仪表的变差不能超出仪表的允许误差,否则应及时检修。

(三)灵敏度与灵敏限

仪表的灵敏度是指仪表指针的线位移或角位移,与引起这个位移的被测参数变化量的比值,即

$$S = \frac{\Delta\alpha}{\Delta x} \tag{2.9}$$

式中,S 为仪表的灵敏度;

$\Delta\alpha$ 为指针的线位移或角位移;

Δx 为引起 $\Delta\alpha$ 所需被测参数变化量。

所以,仪表的灵敏度,在数值上就等于单位被测参数变化量所引起的仪表指针移动的距离(或转角)。

仪表的灵敏限是指能引起仪表指针发生动作的被测参数的最小变化量。通常仪表灵敏限的数值应不大于仪表允许绝对误差的一半。

注意:上述指标仅适用于指针式仪表;在数字式仪表中,往往用分辨率表示。

(四)反应时间

反应时间是用来衡量仪表能不能尽快反映出参数变化的品质指标。反应时间长,说明仪表需要较长时间才能给出准确的指示值,那就不宜用来测量变化频繁的参数。仪表反应时间的长短,实际上反映了仪表动态特性的好坏。

仪表反应时间的表示方法。当输入信号突然变化一个数值后,输出信号将由原始值逐渐变化到新的稳态值。仪表的输出信号由开始变化到新稳态值的 63.2%(或 95%)所用的时间,可用来表示反应时间。

(五)线性度

线性度用于表征线性刻度仪表的输出量与输入量的实际校准曲线与理论直线的吻合程度,通常总是希望测量仪表的输出与输入之间呈线性关系(图 2-2)。因为在线性情况下,模拟式仪表的刻度就可以做成均匀刻度,而数字式仪表就可以不必采取线性化措施。线性度通常采用实际测得的输入-输出特性曲线(称为校准曲线)与理论直线之间的最大偏差与测量仪表量程之比用百分数表示,即

$$\delta_f = \frac{\Delta f_{max}}{仪表量程} \times 100\% \tag{2.10}$$

式中,δ_f 为线性度(又称非线性误差);

Δf_{max} 为校准曲线对于理论直线的最大偏差(以仪表示值的单位计算)。

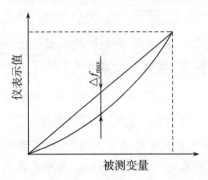

图 2-2 线性度示意图

【**例 2.3**】 某台具有线性关系的温度变送器,其测温范围为 0～200 ℃,变送器的输出为 4～20 mA。对这台温度变送器进行校验,得到下列数据:

输入信号	标准温度/℃	0	50	100	150	200
输出信号/mA	正行程读数 $x_{正}$	4	8	12.01	16.01	20
	反行程读数 $x_{反}$	4.02	8.10	12.10	16.09	20.01

试根据以上校验数据确定该仪表的变差、准确度等级与线性度。

解:该题的解题步骤如下。

(1)根据仪表的输出范围确定在各温度测试点的输出标准值 $x_{标}$。任一温度值的标准输出信号(mA)为

$$I = \frac{温度值 \times (输出上限值 - 输出下限值)}{输入上限值 - 输入下限值} + 4$$

例如,当温度为 50 ℃时,对应的输出应为

$$I = \frac{50 \times (20 - 4)}{200 - 0} + 4 = 8(mA)$$

其余类推。

（2）算出各测试点正、反行程时的绝对误差 $\Delta_正$ 与 $\Delta_反$，并算出正、反行程之差 $\Delta_变$，分别填入下表内（计算 $\Delta_变$ 时可不考虑符号，取正值）。

	输入信号/℃	0	50	100	150	200
输出信号/mA	正行程读数 $x_正$	4	8	12.01	16.01	20
	反行程读数 $x_反$	4.02	8.10	12.10	16.09	20.01
	标准值 $x_标$	4	8	12	16	20
绝对误差/mA	正行程 $\Delta_正$	0	0	0.01	0.01	0
	反行程 $\Delta_反$	0.02	0.10	0.10	0.09	0.01
正、反行程之差 $\Delta_变$		0.02	0.10	0.09	0.08	0.01

（3）由上表找出最大的绝对误差 Δ_{max}，并计算最大的相对百分误差 δ_{max}。由上表可知

$$\Delta_{max} = 0.10(mA)$$

$$\delta_{max} = \frac{0.10}{20-4} \times 100\% = 0.625\%$$

去掉 δ_{max} 的"$\pm$"号及"%"号后，其数值为 0.625，数值在 0.5~1.0 之间。由于该表的 δ_{max} 已超过 0.5 级表所允许的 $\delta_允$，故该表的准确度等级为 1.0 级。

（4）计算变差：

$$\delta_变 = \frac{\Delta_{变max}}{20-4} \times 100\% = 0.625\%$$

由于该变差数值在 1.0 级表允许的误差范围内，故不影响表的准确度等级。注意：若变差数值 $\Delta_{变max}$ 超过了绝对误差 Δ_{max}，则应以 $\Delta_{变max}$ 来确定仪表的准确度等级。

（5）由计算结果可知，非线性误差的最大值 $\Delta f_{max} = 0.10$，故线性度 δ_f 为

$$\delta_f = \frac{\Delta f_{max}}{仪表量程} \times 100\% = \frac{0.10}{20-4} \times 100\% = 0.625\%$$

注意：在具体校验仪表时，为了可靠起见，应适当增加测试点与实验次数。本例题只是简单列举几个数据来说明问题。

【例 2.4】 某台测温仪表的测温范围为 200~1 000 ℃，工艺上要求测温误差不能大于 ± 5 ℃，试确定应选仪表的准确度等级。

解：工艺上允许的相对百分误差为

$$\delta_允 = \frac{\pm 5}{1\,000 - 200} \times 100\% = \pm 0.625\%$$

要求所选的仪表的相对百分误差不能大于工艺上的 $\delta_允$，才能保证测温误差不大于 ± 5 ℃，所以所选仪表的准确度等级应为 0.5 级。当然仪表的准确度等级越高，能使测温误差越小，但为了不增加投资费用则不宜选过高准确度的仪表。

任务 2.2　选用压力测量仪表

[任务描述]

在化工生产中,压力是指由气体或液体均匀垂直地作用于单位面积上的力。在工业生产过程中,压力往往是重要的操作参数之一。压力的检测与控制,对保证生产过程正常进行,达到高产、优质、低耗和安全是十分重要的。本次任务学习压力检测仪表的结构、测量原理和压力检测仪表的选择与安装方法。

[任务目标]

了解压力检测仪表的结构,理解常用压力检测仪表的测量原理,掌握压力仪表的选择与安装方法,能正确使用压力检测仪表测量压力参数。

[相关知识]

一、压力单位及测压仪表

压力是指均匀垂直地作用在单位面积上的力。即

$$p = \frac{F}{S} \tag{2-11}$$

压力的单位为帕斯卡,简称帕(Pa)。

$$1\ Pa = 1\ N/m^2 \tag{2-12}$$

$$1\ MPa = 1 \times 10^6\ Pa \tag{2-13}$$

在压力测量中,常有表压、绝对压力、负压(或真空度)之分(图 2-3)。

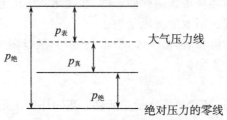

图 2-3　绝对压力、表压、负压(真空度)的关系

工程上所用的压力指示值大多为表压。

$$p_{表压} = p_{绝对压力} - p_{大气压力}$$

当被测压力低于大气压力时,一般用负压或真空度来表示。

$$p_{真空度} = p_{大气压力} - p_{绝对压力}$$

测量压力或真空度的仪表按照其转换原理的不同,分为四类。

(一)液柱式压力计

液柱式压力计根据流体静力学原理,将被测压力转换成液柱高度进行测量。

$$\Delta p = p_2 - p_1 = \rho g h$$

其结构形式的不同液柱式压力计分为 U 形管压力计、单管压力计和斜管压力计（图 2-4）。

单管压力计　　U形管压力计　　斜管压力计

图 2-4　液柱式压力计

优点：结构简单、使用方便。

缺点：精度受工作液的毛细管作用、密度及视差等因素的影响，测量范围较窄，一般用来测量较低压力、真空度或压力差。

（二）活塞式压力计

活塞式压力计是根据水压机液体传送压力的原理，将被测压力转换成活塞上所加平衡砝码的质量来进行测量。

优点：测量精度很高，允许误差可小到 0.05%～0.02%。

缺点：结构较复杂，价格较贵。

（三）弹性式压力计

弹性式压力计是将被测压力转换成弹性元件变形的位移进行测量。

（四）电气式压力计

电气式压力计是通过机械和电气元件将被测压力转换成电量（如电压、电流、频率等）来进行测量。

二、弹性式压力计

弹性式压力计是利用各种形式的弹性元件，在被测介质压力的作用下，使弹性元件受压后产生弹性变形的原理而制成的测压仪表。

优点：结构简单，使用可靠，读数清晰，价格低廉，测量范围宽，精度高，可用来测量几百帕到数千兆帕范围内的压力。

（一）弹性元件

弹性元件是一种简易、可靠的测压敏感元件。当测压范围不同时，所用的弹性元件也不一样。

弹簧管式弹性元件如图 2-5a 和 2-5b 所示，薄膜式弹性元件如图 2-5c 和 2-5d 所示，波纹管式弹性元件如图 2-5e 所示。

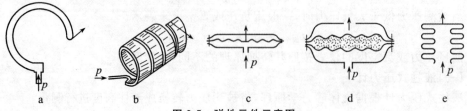

a　　　　b　　　　c　　　　d　　　　e

图 2-5　弹性元件示意图

(二)弹簧管压力表

1.结构

弹簧管压力表(图2-6)的测量元件是弹簧管,是一根弯成270°圆弧的椭圆形截面的空心金属管。管子的自由端 B 封闭,管子的另一端固定在接头上,与测压点相连。当输入被测的压力 p 后,由于椭圆形截面在压力 p 的作用下将趋于圆形,而弯成圆弧形的弹簧管也随之产生扩张变形,同时使弹簧管的自由端 B 产生位移。输入压力 p 越大,产生的变形也越大。由于输入压力与弹簧管自由端 B 的位移成正比,所以只要测得 B 点的位移量,就能算出压力 p 的大小。

注意:弹簧管自由端 B 的位移量一般很小,直接显示有困难,所以必须通过放大机构才能指示出来。

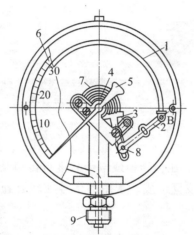

1—弹簧管;2—拉杆;3—扇形齿轮;4—中心齿轮;

5—指针;6—面板;7—游丝;8—调整螺丝;9—接头

图2-6 弹簧管压力表

2.工作原理

当弹簧管的固定端通入被测流体后,被测压力由接头9接入,使弹簧管1的自由端 B 发生变形,自由端 B 的弹性位移通过拉杆2使扇形齿轮3作逆时针偏转,指针5通过同心轴的中心齿轮4的带动而作顺时针偏转,从而在面板刻度6上显示压力数值。弹簧管的自由端位移与被测压力成正比,压力越大,位移越大。游丝7是用来调节、克服因扇形齿轮和中心齿轮的间隙所产生的仪表变差。改变调节螺丝8位置(即改变机械转动的放大系数)可以实现压力表量程的调整。

3.电接点信号压力表

在化工生产过程中,常需要把压力控制在某一范围内,即当压力低于或高于给定范围时,就会破坏正常工艺条件甚至可能发生危险。这时就应采用带有报警或控制触点的压力表。将普通弹簧管压力表稍加改造,便可成为电接点信号压力表,它能在压力偏离给定范围时及时发出信号,以提醒操作人员注意或通过中间继电器实现压力的自动控制。

图2-7所示的即为电接点信号压力表。当压力超过上限给定数值(此数值由静触点4的指针位置确定)时,动触点2和静触点4接触,红色信号灯5的电路被接通,使红灯亮

起;若压力低到下限给定数值时,动触点 2 和静触点 1 接触,绿色信号灯 3 的电路被接通,使绿灯亮起。静触点 1 和 4 的位置可根据需要进行调节。

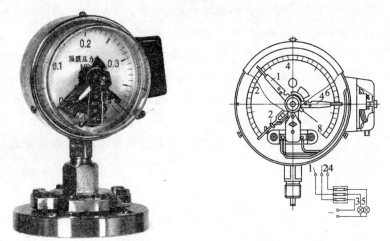

1,4—静触点;2—动触点;3—绿灯;5—红灯

图 2-7　电接点信号压力表

三、电气式压力计

电气式压力计是一种能将压力转换成电信号进行传输及显示的仪表,一般由压力传感器、测量电路和信号处理装置组成。常用的信号处理装置有指示器、记录仪以及控制器、微处理机等(图 2-8)。

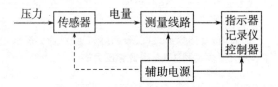

图 2-8　电气式压力计组成方框图

(一)应变片式压力传感器

应变片式压力传感器是利用电阻应变原理构成的。电阻应变片有金属应变片和半导体应变片两类,被测压力使应变片产生应变。当应变片产生压缩(拉伸)应变时,其阻值减小(增加),再通过桥式电路获得相应的毫伏级电势输出,并用毫伏计或其他记录仪表显示出被测压力,从而组成应变片式压力计。

如图 2-9 所示,r_1 和 r_2 为应变片,通过特殊粘贴剂被粘贴在应变筒的外壁上,r_1 沿筒的轴向粘贴,作为检测片;r_2 沿筒的径向粘贴,作为温度补偿片。应变片 r_1、r_2 与另外的两个固定电阻 r_3 和 r_4 组成一个桥式电路。当被测压力作用于应变筒的膜片而使应变筒发生形变时,会使 r_1 的电阻值减小,r_2 的电阻值增加。由于 r_1 和 r_2 阻值的变化而使桥路失去平衡,从而获得不平衡电压作为传感器的输出信号。传感器桥路的电源为 10 V 直流电源,最大输出为 5 mV 的直流信号。这种类型的传感器主要适用于变化较快的压力检测。

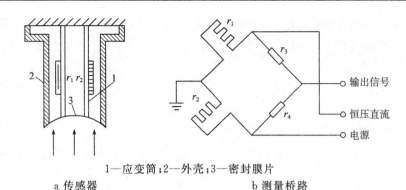

1—应变筒;2—外壳;3—密封膜片

a 传感器　　　　　　　　　　　　　b 测量桥路

图 2-9　应变片压力传感器示意图

(二)压阻式压力传感器

压阻式压力传感器利用单晶硅的压阻效应而构成(图 2-10)。

采用单晶硅片为弹性元件,在单晶硅膜片上利用集成电路的工艺,在单晶硅的特定方向扩散一组等值电阻,并将电阻接成桥路,单晶硅片置于传感器腔内。当压力发生变化时,单晶硅产生应变,使直接扩散在上面的应变电阻产生与被测压力成比例的变化,再由桥式电路获得相应的电压输出信号。

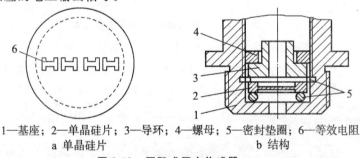

1—基座;2—单晶硅片;3—导环;4—螺母;5—密封垫圈;6—等效电阻

a 单晶硅片　　　　　　　　　　　　b 结构

图 2-10　压阻式压力传感器

压阻式压力传感器灵敏度高;频率响应快;测量范围宽,可测低至 10 Pa 的微压到高至 60 MPa 的高压;准确度高;工作可靠;易于小型化。

(三)电容式差压变送器

电容式差压变送器先将压力的变化转换为电容量的变化,然后进行测量(图 2-11)。

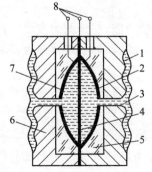

1—隔离膜片;2,7—固定电极;3—硅油;

4—测量膜片;5—玻璃层;6—底座;8—引线

图 2-11　电容式差压变送器原理图

由图 2-11 可见,电容式差压变送器有左、右固定极板 2 和 7,在两个固定极板之间是用弹性材料制成的测量膜片 4,作为电容的中央动极板,在测量膜片两侧空腔中充满硅油。

当将被测压力 p_1、p_2 分别加于左、右两侧的隔离膜片时,通过硅油将差压传递到测量膜片上,使其向压力小的一侧弯曲变形,引起中央动极板与两边固定电极间的距离发生变化,因而两电极的电容量不再相等,而是一个增大,另一个减小,产生了电容差。电容式差压变送器采用差动电容作为检测元件,主要包括测量和转换放大两部分,如图 2-12 所示。

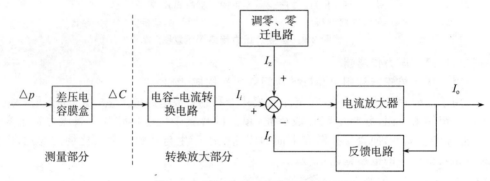

图 2-12 电容式差压变送器结构简图

电容式差压变送器的结构可以有效地保护测量膜片,当差压过大并超过允许测量范围时,测量膜片将平滑地贴靠在玻璃凹球面上,因此不易损坏。与力矩平衡式相比,电容式没有杠杆传动机构,因而尺寸紧凑,密封性与抗震性好,测量精度相应提高,可达0.2级。

四、智能式变送器

智能式压力或差压变送器是在普通压力或差压传感器的基础上增加微处理器电路而形成的智能检测仪表。

(一)智能式变送器的特点

(1)性能稳定,可靠性好,测量精度高,基本误差仅为±0.1%。

(2)量程范围可达 100:1,时间常数的范围可在 0~36 s 调整,有较宽的零点迁移范围。

(3)具有温度、静压的自动补偿功能,在检测温度时,可对非线性进行自动校正。

(4)具有数字、模拟两种输出方式,能够实现双向数据通信,可以与现场总线网络和上位计算机相连。

(5)可以进行远程通信,通过现场通讯器,使智能式变送器具有自修正、自补偿、自诊断及错误方式告警等多种功能,简化了调整、校准与维护过程,使维护和使用都十分方便。

(二)智能式变送器的结构原理

从整体上来看,智能式变送器由硬件和软件两大部分组成。

从电路结构上来看,智能式变送器包括传感器部件和电子部件两部分。

现以美国费希尔-罗斯蒙特公司的 3051C 型智能式差压变送器为例介绍其工作原理(图 2-13)。

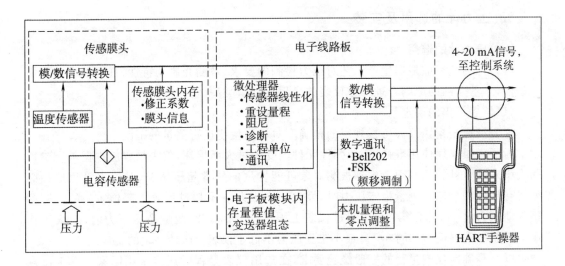

图 2-13　3051C 型智能差压变送器方框图

　　3051C 型智能差压变送器所用的手持通信器为 275 型,带有键盘及液晶显示器。它可以接在现场变送器的信号端子上,就地设定或检测;也可以在远离现场的控制室中,接在某个变送器的信号线上进行远程设定及检测(图 2-14)。

　　实现的功能:

　　(1)组态。

　　(2)测量范围的变更。

　　(3)变送器的校准。

　　(4)自诊断。

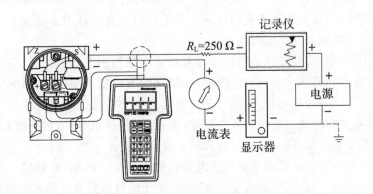

图 2-14　手持通信器的连接示意图

　　智能式差压变送器一般每五年校验一次,与手持通信器结合使用,可远离生产现场,尤其是危险或不易到达的地方,两者的结合使用给变送器的运行和维护带来了极大的方便。

五、压力计的选用及安装

(一)压力计的选用

压力计的选用应根据生产工艺对压力检测的要求、被测介质的特性、现场使用的环境等条件,本着节约的原则合理考虑仪表的量程、精度、类型(材质)等。

(1)仪表量程的确定。

仪表量程是指该仪表可按规定的精确度对被测量物进行测量的范围。

为了延长仪表使用寿命,避免弹性元件因受力过大而损坏,仪表量程应根据被测参数的大小来确定;同时,必须考虑到被测对象可能发生的异常超压情况,对仪表量程选择必须留有足够的余地。测量稳定压力时,最大工作压力 p 不超过仪表上限值 p_{max} 的2/3;测量脉动压力时,最大工作压力不超过仪表上限值 p_{max} 的 1/2;测量高压压力时,最大工作压力不超过上限值 p_{max} 的 3/5。最小工作压力不低于仪表上限值 p_{max} 的 1/3。

以上是确定仪表量程的一般经验要求,在选用仪表量程时还应采用国家主管部门规定的相应规程或者标准中的数值。

(2)仪表精度等级的选取。

仪表精度等级要根据生产允许的最大误差来确定,即要求实际被测压力允许的最大绝对误差应小于仪表的基本误差。在选择时还应坚持节约的原则,只要测量精度能满足生产的要求,就不必追求用过高精度的仪表。

(3)仪表类型的选用。

仪表类型的选用包括仪表材料的选择、输出信号的类型和使用环境等。

压力检测仪表的特点是压力敏感元件往往要与被测介质直接接触,因此在选择仪表材料的时候要综合考虑仪表的工作条件。例如,对腐蚀性较强的介质应使用不锈钢之类的弹性元件或敏感元件;氨用压力表则要求仪表的材料不允许采用铜或铜合金,因为氨气对铜的腐蚀性极强;氧用压力表在结构和材质上可以与普通压力表完全相同,但要禁油,因为油进入氧气系统极易引起爆炸。

选择压力检测仪表要考虑的第二个因素是输出信号的类型。例如,只需要观察压力变化的,可选如弹簧管压力表、液柱式压力计那样的直接指示型的仪表;如需要将压力信号远传到控制室或其他电动仪表,则可选用电气式压力检测仪表或其他具有电信号输出的仪表;如果需要检测快速变化的压力信号,则可选用压阻式压力传感器;如果控制系统要求能进行数字量通信,则可选用智能式压力检测仪表。

选择压力检测仪表要考虑的第三个因素是使用环境。例如,在爆炸性较强的环境中使用电气压力仪表时,应选择防爆型压力仪表;对于温度特别高或特别低或环境温度变化大的场合,应选择使用温度系数小的敏感元件以及其他变换元件。

(二)压力计的安装

(1)测压点的选择。所选择的测压点应能反映被测压力的真实大小。为此,必须注意以下几点。

①要选在被测介质直线流动的管段部分,不要选在管路拐弯、分叉、死角或其他易形成漩涡的地方。

②测量流动介质的压力时,应使取压点与流动方向垂直,取压管内端面与生产设备连接处的内壁应保持平齐,不应有凸出物或毛刺。

③测量液(气)体压力时,取压点应在管道下(上)部,使导压管内不积存气(液)体。

(2)导压管铺设。

①导压管粗细要合适,一般内径为 6～10 mm,长度应尽可能短,最长不得超过 50 m,以减少压力指示的迟缓;如超过 50 m,应选用能远距离传送的压力计。

②导压管水平安装时应保证有 1∶10～1∶20 的倾斜度,以利于积存于其中的液体(或气体)的排出。

③当被测介质易冷凝或冻结时,必须加设保温伴热管线。

④取压口到压力计之间应装有切断阀,以备检修压力计时使用。切断阀应装设在靠近取压口的地方。

(3)压力计的安装(图 2-15)。

①压力计应安装在易观察和检修的地方。

②安装地点应力求避免振动和高温影响。

③测量蒸汽压力时,应加装凝液管,以防止高温蒸汽直接与测压元件接触(图 2-15a);对于有腐蚀性介质的压力测量,应加装有中性介质的隔离罐。图 2-15b 表示了被测介质密度 ρ_2 大于和小于隔离液密度 ρ_1 的两种情况。

④压力计的连接处,应根据被测压力的高低和介质性质,选择适当的材料作为密封垫片,以防泄漏。

⑤当被测压力较小而压力计与取压口又不在同一高度时,对由此高度而引起的测量误差应按 $\Delta p = \pm H \rho g$ 进行修正。式中,H 为高度差,ρ 为导压管中介质的密度,g 为重力加速度。

⑥为安全起见,测量高压的压力计除选用有通气孔的外,安装时表壳应向墙壁或无人通过之处,以防发生意外。

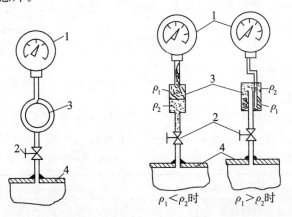

$\rho_1 < \rho_2$ 时　　　$\rho_1 > \rho_2$ 时

1—压力计;2—切断阀门;3—凝液管;4—取压容器

a 测量蒸汽时　　　　　　　b 测量有腐蚀性介质时

图 2-15　压力计安装示意图

【例2.5】 某台往复式压缩机的出口压力范围为25 M~28 MPa,测量误差不得大于1 MPa。工艺上要求就地观察,并能高低限报警,试正确选用一台压力表,指出型号、精度与测量范围。

解:由于往复式压缩机的出口压力脉动较大,所以选择仪表的上限值为

$$p_1 = p_{max} \times 2 = 28 \times 2 = 56 \text{(MPa)}$$

根据就地观察及能进行高低限报警的要求,通过本章附录,可查得选用YX-150型电接点压力表,测量范围为0~60 MPa。

由于 $\frac{25}{60} > \frac{1}{3}$,故被测压力的最小值不低于满量程的1/3,这是允许的。另外,根据测量误差的要求,可算得允许误差为

$$\frac{1}{60} \times 100\% = 1.67\%$$

所以,精度等级为1.5级的仪表完全可以满足误差要求。至此,可以确定,选择的压力表为YX-150型电接点压力表,测量范围为0~60 MPa,精度等级为1.5级。

【例2.6】 如果某反应器最大压力为0.6 MPa,允许最大绝对误差为±0.02 MPa。现用一台测量范围为0~1.6 MPa,准确度为1.5级的压力表来进行测量,问能否符合工艺上的误差要求?若采用一台测量范围为0~1.0 MPa,准确度为1.5级的压力表,问能符合误差要求吗?试说明其理由。

解:对于测量范围为0~1.6 MPa,准确度为1.5级的压力表,允许的最大绝对误差为

$$1.6 \times 1.5\% = 0.024 \text{(MPa)}$$

因为此数值超过了工艺上允许的最大绝对误差数值,所以是不合格的。对于测量范围为0~1.0 MPa,准确度亦为1.5级的压力表,允许的最大绝对误差为

$$1.0 \times 1.5\% = 0.015 \text{(MPa)}$$

因为,此数值小于工艺上允许的最大绝对误差,故符合对测量准确度的要求,可以采用。该题例说明选一台量程很大的仪表来测量很小的参数值是不适宜的。

思考题

1.什么叫测量过程?

2.何谓仪表的精度等级?

3.某压力仪表的测量范围是100~1 100 Pa,其精度为0.5级,则这台表的量程是多少,允许相对百分误差是多少,最大绝对误差是多少?

4.如果有一台压力表,其测量范围为0~10 MPa,经校验得出下列数据:

被校表读数/MPa	0	2	4	6	8	10
标准表正行程读数/MPa	0	1.98	3.96	5.94	7.97	9.99
标准表反行程读数/MPa	0	2.02	4.03	6.06	8.03	10.01

(1)求出该压力表的变差。

(2)问该压力表是否符合1.0级精度?

5. 测压仪表有哪几类? 它们各基于什么原理?

6. 作为感受压力的弹性元件有哪几种? 它们各有什么特点?

7. 应变片式与压阻式压力计各采用什么测压元件?

8. 电容式压力变送器的工作原理是什么? 它们有何特点?

9. 试述压力计选型的主要内容及安装注意事项。

10. 如果某反应器最大压力为 0.8 MPa, 允许最大绝对误差为 0.01 MPa。现用一台测量范围为 0~1.6 MPa, 精度为 1 级的压力表来进行测量, 问: 能否符合工艺上的误差要求? 若采用一台测量范围为 0~1.0 MPa, 精度为 1 级的压力表, 问: 能符合误差要求吗? 试说明其理由。

11. 某合成氨厂合成塔压力控制指标为 14 MPa, 要求误差不超过 0.4 MPa, 试选用一台就地指示的压力表。

12. 某一标尺为 0~500 ℃ 的温度计出厂前经过校验, 其刻度标尺各点的测量结果值见下表。

标准表读数/℃	0	100	200	300	400	500
被校表读数/℃	0	103	198	303	406	495

(1) 求出仪表最大绝对误差值。

(2) 确定仪表的允许误差及精度等级。

(3) 经过一段时间使用后重新校验时, 仪表最大绝对误差为 ±8 ℃, 问: 该仪表是否还符合出厂时的精度等级?

项目 3 分析液位自动控制系统

[项目内容]

- 选用物位仪表；
- 认识对象；
- 使用控制器；
- 选用执行器；
- 分析液位控制系统。

[项目知识目标]

- 掌握常用液位测量仪表的结构、原理、使用与维护；
- 了解对象特性理论分析方法，掌握对象特性参数的概念及其物理意义；
- 了解控制规律，掌握电动控制器的使用和参数的调整；
- 理解气动、电动执行器工作原理，掌握其选型原则和使用操作方法；
- 掌握液位单回路控制系统的设计方法与控制过程分析方法。

[项目能力目标]

- 能进行液位检测仪表的选择、安装、校验和合理分析仪表故障的判断；
- 能合理根据对象和控制规律，使用电动控制器；
- 能合理选择和使用执行器；
- 能初步确定一个合适的简单液位控制方案；
- 能正确使用物位检测仪表和控制仪表进行液位控制。

任务 3.1 选用物位检测仪表

[任务描述]

物位的测量在生产中起着极其重要的作用。本次任务是学习物位仪表的结构、测量原理及其选择与安装方法。

[任务目标]

了解物位检测仪表的结构，理解常用物位检测仪表的测量原理，掌握差压变送器测液位时的零点迁移的处理方法，掌握常用物位检测仪表的选择与安装方法，能正确使用物位检测仪表进行物位测量。

[相关知识]

一、物位检测仪表的分类

玻璃板液位计

工业生产中对物位检测仪表的要求多种多样,主要体现在精度、量程、经济和安全可靠等方面,其中首要的是安全可靠。测量物位检测仪表的种类很多,按其工作原理主要有下列几种类型。

直读式物位仪表主要有玻璃管液位计、玻璃板液位计等。

差压式物位仪表分为压力式和差压式,是利用液柱或物料堆积对某定点产生压力的原理工作的。

浮力式物位仪表利用浮子(沉筒)的高度随液位变化而改变或液体对浸没于液体中的浮子的浮力随液位高度而变化的原理工作。

电磁式物位仪表使物位的变化转换为电量的变化,通过测量这些电量的变化来测量物位。

核辐射式物位仪表:利用核辐射透过物料时,其强度随物料层的厚度而变化的原理而工作。

声波式物位仪表:由于物位的变化引起声阻抗的变化、声波的遮断和声波反射距离的改变,测出这些变化就可测知物位。

二、差压式液位计

利用差压或压力变送器可以很方便地测量液位且能输出标准的电流或气压信号。有关变送器的原理及结构已在项目 2 里已介绍,此处重点讨论其应用。

(一)工作原理

差压式液位计是利用容器内液位改变时,由液柱产生的静压也相应变化的原理而工作的。如图 3-1a 所示,被测容器敞口时,将差压变送器的正压室接液相,气相压力为大气压,差压计的负压室通大气即可,则正、负压室的压力分别为

$$p_- = p_0 \tag{3-1}$$

$$p_+ = p_0 + H\rho g \tag{3-2}$$

因此可得

$$\Delta p = p_+ - p_- = H\rho g \tag{3-3}$$

式中,H 为液位高度;

ρ 为介质密度;

g 为重力加速度;

p_1, p_2 分别为差压变送器正、负压室的压力。

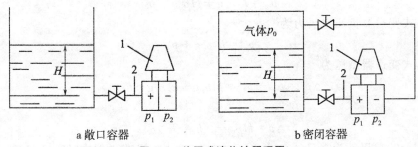

a 敞口容器　　　　　　　　b 密闭容器

图 3-1　差压式液位计原理图

由于被测介质的密度是已知的,因而变送器所测差压与液位高度 H 成正比,只要测出差压就可以测出液位高度。

对密闭贮罐或反应罐,因容器上部空间压力不固定,设液面上的压力为 p_0,此时用压力计测量液位,只需要将差压计的负压室与容器的气相连接即可,如图 3-1b 所示,则正、负压室的压力分别为

$$p_- = p_0 \tag{3-4}$$
$$p_+ = p_0 + H\rho g \tag{3-5}$$

正、负压室的差压为 $\quad \Delta p = p_+ - p_- = H\rho g \tag{3-6}$

当 $H=0$ 时,正、负压室的差压 $\Delta p=0$,变送器输出信号为 4 mA。

当 $H=H_{max}$ 时,差压 $\Delta p_{max}=\rho g H_{max}$,变送器的输出信号为 20 mA。

(二)零点迁移问题

零点迁移是指液位测量系统,当液位为零时,由于现场安装位置情况的不同,造成差压不为零,而是一个固定压差值,也就是零点发生"迁移",这个差压值就成为迁移量。如果 $H=0$,$\Delta p=0$,称为无迁移;如果 $H=0$,$\Delta p>0$,即有迁移,称为正迁移;如果 $H=0$,$\Delta p<0$,称为负迁移。

1.负迁移

如图 3-2 所示,在使用差压变送器测量液位时,为防止容器内液体和气体进入变送器而造成管线堵塞或腐蚀并保持负压室的液柱高度恒定,在变送器正、负压室与取压点之间分别装有隔离罐,并充以隔离液。

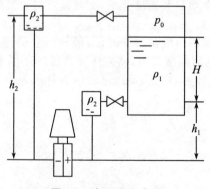

图 3-2 负迁移示意图

差压式变送器正压室压力为
$$p_+ = h_1\rho_2 g + H\rho_1 g + p_0 \tag{3-7}$$

差压式变送器负压室压力为
$$p_- = h_2\rho_2 g + p_0 \tag{3-8}$$

差压式变送器差压为
$$\Delta p = p_+ - p_- = H\rho_1 g + h_1\rho_2 g - h_2\rho_2 g$$

即
$$\Delta p = H\rho_1 g - (h_2 - h_1)\rho_2 g \tag{3-9}$$

当 $H=0$,差压不为零且 $\Delta p = -(h_2 - h_1)\rho_2 g < 0$,当变送器在 $H=0$ 时输出电流小

于 4 mA；$H=H_{max}$时，输出电流小于 20 mA。为了使仪表的输出能正确反应液位的大小，也就是当被测液位为零或最大值时，分别与变送器的输出下限或上限相对应，可在变送器中加一弹簧装置，由弹簧装置预加一个力，抵消固定差压$(h_2-h_1)\rho_2 g$的影响。这种办法称为"迁移"。当 $H=0$，$\Delta p<0$ 时，称为负迁移。

迁移弹簧的作用实质是改变变送器的零点，但不改变量程的范围。迁移和调零都是使变送器的输出起始值与被测量起始点相对应，只不过零点调整量较小，而迁移调整量大。

迁移同时改变了测量范围的上、下限，相当于测量范围的平移，它不改变量程的大小。

2. 正迁移

如图 3-3 所示，当变送器安装位置低于下部取压点的高度时，这时液位高度与差压的关系式为

$$\Delta p=H\rho g+h\rho g \tag{3-10}$$

当被测液位 $H=0$ 时，$\Delta p=h\rho g>0$，从而使变送器在 $H=0$ 时输出电流大于 4 mA；$H=H_{max}$时，输出电流大于 20 mA。这时需要正迁移，迁移量为 $h\rho g$。

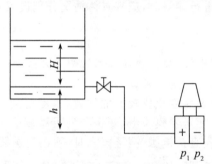

图 3-3　正迁移示意图

（三）用法兰式差压变送器测量液位

为了解决测量具有腐蚀性或含有结晶颗粒以及黏度大、易凝固等液体液位时引压管线被腐蚀、被堵塞的问题，应使用法兰式差压变送器，如图 3-4 所示。

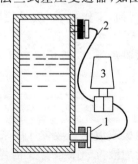

1—法兰式测量头；2—毛细管；3—变送器

图 3-4　法兰式差压变送器测量液位示意图

法兰式差压变送器的法兰直接与容器上的法兰相连接，作为敏感元件的测量头（金属膜盒）经毛细管与变送器的测量室相通。在膜盒、毛细管和测量室所组成的密闭系统内充有硅油，作为传压介质，毛细管外套以金属蛇皮管保护。法兰测量头的结构形式分为平法

兰和插入式法兰两种。腐蚀性、结晶性、黏稠性、易汽化和含悬浮物的液体,宜选用平法兰式差压式液位计。高结晶、高黏性、结胶性和沉淀性液体,宜选用插入式法兰差压式液位计。单法兰(单引压线)、双法兰(双引压线)液位计,根据液位静压与液位高度成正比的原理来实现。单法兰(单引压线)液位计一般用于敞口或常压容器,密闭带压设备应选用双法兰(双引压线)液位计。

法兰式差压变送器的缺点:比普通的差压变送器贵,有的毛细管内的充灌液很容易渗漏掉;其反应比普通的差压变送器迟缓,特别是天冷的时候,仪表的灵敏度更低。法兰式液位计的测量范围还受毛细管长度的限制。因此,使用哪一种液位计进行测量,要视具体的情况而定。

(四)实际应用

下面从安装、使用和维护三个方面分析差压液位计在使用中应该注意的事项。

1.安装

(1)要防止颗粒在导压管内沉积。

(2)导压管要尽可能短。

(3)对于在环境温度下,气相可能冷凝,液相可能汽化,或者气相有液体分离的现象。在使用普通差压式液位计进行测量时,应视具体情况分别设置隔离器、分离器、汽化器、平衡容器等部件。

2.使用

(1)检测元件不占容器空间,只需要在容器侧壁上开两个引压孔,体积小,适合大多数常温常压的场合,是应用最广泛的一种仪表。

(2)测量介质。密度和温度变化比较大的储罐,精度受到很大影响;如果有积垢或结晶,那么积垢或结晶附着在变送器模块上,变送器的灵敏度会大幅降低;防止变送器与具有腐蚀性或过热的被测介质直接接触;测量蒸汽时,须在变送器引压管中注满水或等水蒸气凝结充满引压管后才能准确投用。

(3)测量精度。由于原理的限制,这种液位计先测出压力再转化为液位,精度不是很高;当容器内有蒸汽时会在负相引压管内冷凝成液体,造成严重测量误差,需要在引压管装储液罐,定期进行人工排液。

3.维护

(1)差压式液位测量无机械磨损,工作可靠,质量稳定,寿命长,结构简单,安装方便,便于操作维护。

(2)在冬季使用时,须采用保温措施,以防止隔离罐、导压管及仪表内的液体冻结,影响正常的测量。

三、磁翻转式液位计

磁翻转式液位计可代替玻璃板或玻璃管液位计用来测量有压容器或敞口容器内的液位;不仅可以就地指示,还可以附加液位超限报警及信号远传功能,实现远距离的液位报警和监控。

(一)主要结构

磁翻转式液位计由三部分组成(图3-5):非磁性材料主导管、磁性浮子和磁翻柱。其中,非磁性材料主导管一般采用不锈钢管或钛钢管,其长度要略长于需要监控的液面高度;磁性浮子外壳用不锈钢薄板焊制而成,内镶嵌强磁铁棒,磁性浮子放在主导管内;磁翻柱固定在主导管外侧,主导管上、下两端用法兰盖封死,在主导管较低位置安装排污管。

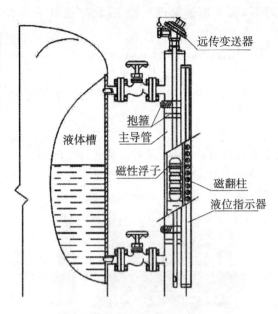

图 3-5 磁翻转式液位计

(二)工作原理

磁翻转式液位计根据浮力原理和磁性耦合作用研制而成。当被测容器中的液位升降时,液位计主导管中的磁性浮子也随之升降,浮子内的永久磁钢通过磁耦合传递到磁翻柱指示器,驱动红、白翻柱翻转。当液位上升时,翻柱由白色转为红色;当液位下降时,翻柱由红色转为白色。指示器的红、白交界处为容器内部液位的实际高度。

(三)实际应用

下面从仪表安装、使用和维护三个方面分析磁翻转式液位计在使用中应该注意的事项。

1.仪表安装

(1)液位计必须垂直安装,以保证浮球组件在主导管内上、下运动自如(图 3-6)。

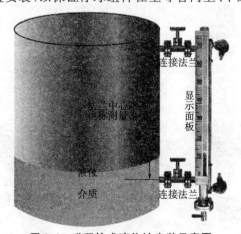

图 3-6 磁翻转式液位计安装示意图

（2）液位计主体周围不允许有导磁体靠近，否则会影响液位计工作。

（3）液位计安装完毕后，需要用磁钢进行校正，使零位以下显示红色，零位以上显示白色。

（4）运输过程中，为了不使浮球组件损坏，故出厂前将浮球组件（图3-7）取出液位计主导管外。待液位计安装完毕后，打开底部排污法兰，再将浮球组件重新装入主导管内。要注意浮球组件重的一头朝上，不能倒装。

图 3-7　磁性浮子

2.仪表使用

（1）指示信号。仪表既可以现场指示，又可以远传（图3-8）。

（2）测量环境。仪表适用于高温、高压的场合。

（3）测量介质。仪表不能测量黏性大、强腐蚀介质。

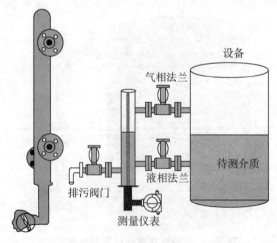

图 3-8　磁翻转式液位计现场图

3.仪表维护

（1）翻柱容易卡死，造成无法远传指示。

（2）根据介质情况，可定期打开排污法兰（图3-9），清洗主导管沉淀物质。

图 3-9　磁翻转式液位计结构

四、电容式液位计

我们在项目 2 学过电容式差压变送器,它的原理是将压力的变化转换为电容极板间距 d 的变化,从而导致电容量发生变化,然后进行测量。电容式液位计和电容式差压变送器略有不同。

(一)测量原理

在电容器的极板之间,充以不同介质时,电容量的大小会有所不同,因此可通过测量电容量的变化来检测液位。

电容式液位计有平极板式和同心圆柱式等。

图 3-10 所示的是由两个同轴圆柱极板 1、2 组成的电容器,在两圆筒间充以介电常数为 ε 的介质时,则两圆筒间的电容量表达式

$$C = \frac{2\pi\varepsilon L}{\ln\dfrac{D}{d}} \tag{3-11}$$

式中,L 为两极板相互遮盖部分的长度,m;

　　D 和 d 为圆筒形外电极的内径和内电极的外径,m;

　　ε 为中间介质的介电常数。

当 D 和 d 一定时,电容量 C 的大小与极板的长度 L 和介质的介电常数 ε 的乘积成比例。这样,将电容传感器插入被测物料中,电极浸入物料中的深度随物位的高低而变化,必然引起其电容量的变化,从而可检测出物位。

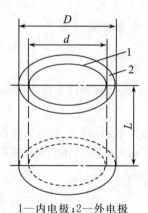

1—内电极;2—外电极

图 3-10　电容器的组成

(二)液位的检测

对非导电介质液位测量的电容式液位传感器原理如图 3-11 所示。它由内电极 1 和一个与它相绝缘的同轴金属套筒做的外电极 2 组成,外电极 2 上开很多小孔 4,使介质能流进电极之间,内、外电极用绝缘套 3 绝缘。当液位为零时,仪表调整零点,其零点的电容为

$$C_0 = \frac{2\pi\varepsilon_0 L}{\ln\dfrac{D}{d}} \tag{3-12}$$

当液位上升为 H 时,电容量变为

$$C = \frac{2\pi\varepsilon H}{\ln\dfrac{D}{d}} + \frac{2\pi\varepsilon_0(L-H)}{\ln\dfrac{D}{d}} \tag{3-13}$$

电容量的变化为

$$C_x = C - C_0 = \frac{2\pi(\varepsilon-\varepsilon_0)H}{\ln\dfrac{D}{d}} = K_i H \tag{3-14}$$

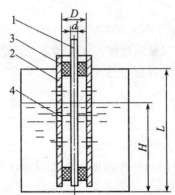

1—内电极;2—外电极;3—绝缘套;4—流通小孔

图 3-11 非导电介质的液位测量

电容量的变化与液位高度 H 成正比。式中的 K_i 为比例系数。K_i 中包含$(\varepsilon-\varepsilon_0)$,也就是说,该法是利用被测介质的介电系数 ε 与空气介电系数 ε_0 不等的原理进行工作,$(\varepsilon-\varepsilon_0)$值越大,仪表越灵敏。$D/d$ 是电容器两极板的距离,D 与 d 越接近,即两极间距离越小,仪表越灵敏。

(三)实际应用

下面从仪表安装、使用和维护三个方面讨论电容式液位计应注意的事项。

1.仪表安装

电容式传感器的电容量一般很小,仅几十至几百皮法。这使电容式传感器易受外界干扰,产生不稳定的现象,需要采取有效的技术措施,如采取屏蔽接地措施,尽量缩短传感器的引线来提高抗干扰能力。

2.仪表使用

(1)测量环境。

电容式液位计适用于高温高压容器的液位测量,且其测量值不受被测液体的温度、比重及容器的形状、压力的影响。

(2)测量介质。

因为测量液体如果导电,会引起液位计短路,所以一般用来测量非导电液体。如果容器壁是金属的,可以金属棒作为电容的一个极,容器壁作为电容的另一极。如果容器壁是非金属的,或容器直径远远大于电极直径,可采用双电极液位计。

上述电容式液位计在结构上稍加改变,如图 3-12 所示,在电极上装一层绝缘层,也可以测量导电液体,导电液体与测量电极之间的浸润面积随液位变化而变化,相当于电容极板面积变化,导致电容变化。

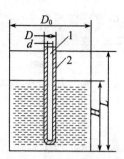

1—内电极;2—外电极

图 3-12　导电介质的单电极电容式液位计

(3)性能。

电容式液位计的测量主要是依赖两个电极之间的电容量变化,也就是说,电容式液位计的灵敏度取决于介质气体和液体的介电常数的差值。电容式液位计的测量必须保证两个介质的介电常数保持一致,否则介电常数的变化会直接导致误差的产生。

3.仪表维护

结构简单,无任何可动或弹性元部件,因此可靠性极高,维护量极少。

五、超声波液位计

汽车雷达依据的是蝙蝠的超声波定位的原理。在倒车时,由安装在车尾保险杠上的探头发送超声波,撞击障碍物后反射此声波,计算出车体与障碍物间的实际距离,然后提示给司机,使其停车或倒车更容易、更安全。超声波既然可以用于定位,那么在化工生产过程中也可以用于测量液位。

(一)工作原理

超声波液位计的工作原理是超声波遇到被测液位(物料)表面被反射折回(3-13)。超声波的传播时间与超声波探头到物体表面的距离成正比。声波传输距离 s 与声速 c 和声传输时间 t 的关系可表示为

$$s = c \times t/2 \tag{3-15}$$

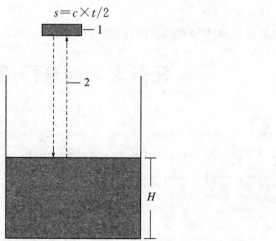

1—超声波换能器探头;2—H 贮罐超声波

图 3-13　超声波液位计

（二）主要结构

超声波液位计的主要结构为超声波换能器探头（发射和接收超声波）、处理单元（检测时间、计算距离、修正声速）和输出单元（数据显示）。

（三）实际应用

从仪表安装、使用和维护三个方面来分析超声波液位计在实际应用过程中的注意事项。

1．仪表安装

声波入射角度必须与水平面保持直角。传感器不可安装在太靠近内壁的位置以免加大测量误差；避免安装在进料口位置，以免受到物料和障碍物的干扰。

2．仪表使用

（1）测量环境。

声波在真空中是无法传播的，所以无法在真空中测量液位。在干燥或者饱和湿度的空气中，声速最大会变化 2%；温度对声速有影响，所以仪表应测量温度，以修正声速；超声波液位计的换能器由压电陶瓷和塑性外壳灌封而成，不能应用于高温高压环境，一般超声波液位计的最大耐受温度为 80 ℃。

（2）被测介质。

被测介质所产生的大量泡沫容易吸收声波；传播介质变化（如强挥发性介质）也会影响传播速度。

（3）性能。

①量程。超声波液位计存在盲区，原因是换能器带有余震，探头要高出最高液位 50 cm，以保证测量准确和设备安全。超声波是一种机械波，在传播的过程中会存在衰减，超声波液位计在实际应用中量程范围较小。②精度。仪表无机械可动部分，可靠性高，安装简单、方便。超声波液位计是非接触式的液位测量仪表，它彻底消除了介质密度、黏度等的影响。

3．仪表维护

传感器要防大风吹和太阳直晒；防高电压、高电流及强电磁的干扰；防强震动。

任务 3.2　分析对象

［任务描述］

要设计一个良好的控制系统，首先要了解被控对象，针对不同特性的对象实施合适的控制方案。本次任务的认识对象主要考察被控对象在输入信号作用下输出变量随时间变化的特性。

［任务目标］

了解对象特性基本概念，熟悉对象特性的获取方法，掌握对象特性参数对控制过程的影响。

[相关知识]

在生产过程中,存在着各种各样的被控对象。这些对象的特性各不相同:有的较易操作,工艺变量能够控制得比较平稳;有的却很难操作,工艺变量容易产生大幅度波动,稍有不慎就会越出工艺允许的范围,轻则影响生产,重则造成事故。只有充分了解和熟悉对象特性,才能使工艺生产在最佳状态下运行。因此,在控制系统设计时,首先必须充分了解被控对象的特性,掌握它们的内在规律,这样才能选择合适的被控变量、操纵变量,合适的测量元件变送器和合理的控制器参数,设计合乎工艺要求的控制系统。

一、化工对象特性

对象特性就是指对象在输入信号作用下,其输出变量随时间而变化的特性。而对象的输出参数就是被控变量;输入参数是引起被控变量变化的因素,对象的输入参数有两种:操纵变量的控制作用和外界的干扰作用。操纵变量到被控变量之间的信号联系称为控制通道;干扰作用到被控变量之间的信号联系称为干扰通道。

通常研究被控对象特性的方法有两种:机理法和实验测定法。机理法主要通过分析过程的机理、物料或能量平衡关系,列出含有时间变量的数学模型,通常用微分方程式来描述。对复杂对象,大的微分方程式很难建立,也不容易求解,因此可通过实验测定法。所谓实验测定法就是在所要研究的对象上,人为施加一个输入作用,然后用仪表记录表征对象特性的物理量(输出)随时间变化的规律,得到一系列实验数据或曲线。这些数据或曲线就可以用来表示对象特性。实验测试法常用的方法有阶跃响应曲线法和矩形脉冲法(图3-14)。

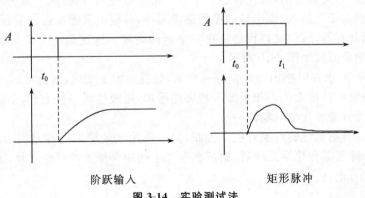

阶跃输入   矩形脉冲

图3-14 实验测试法

阶跃响应曲线法是当对象处于稳定状态时,在对象的输入端施加一个幅值已知的阶跃扰动,然后测量和记录输出变量的数值,就可以画出输出变量随时间变化的曲线。根据这一响应曲线,再经过一定的处理,就可以得到描述对象特征的几个参数。阶跃响应曲线法是一种比较简单的方法。如果输入量是流量,只需要将阀门的开度作突然的改变,便可认为施加了一个阶跃扰动,同时还可以利用原设备上的仪表把输出量的变化记录下来,既不需要增加仪器设备,也不会产生大量测试工作量。但由于一般的被控对象较为复杂,扰动因素较多,因此,在测试过程中,不可避免地会受到许多其他扰动因素的影响而使测试精度不高。为了提高精度就必须加大输入量的幅度,这往往又是工艺上不允许的。因此,阶跃响应曲线法是一种简易但精度不高的对象特性测定方法。

矩形脉冲法是当对象处于稳定状态时,在时间 t_0 突然加一幅度为 A 的阶跃扰动,到 t_1 时突然除去,这时测得的输出变量随时间变化的曲线,称为矩形脉冲特性曲线。采用矩形脉冲法求取对象特性,由于加在对象上的扰动经过一段时间后即被除去。因此,扰动的幅值可以取得较大,提高了实验的精度;同时,对象的输出又不会长时间偏离设定值,因而对正常工艺生产影响较小。

二、与对象有关的两个基本概念

(一)对象的负荷

当生产过程处于稳定状态时,单位时间内流入或流出对象的物料或能量称为对象的负荷或生产能力,如液体贮槽的物料流量、精馏塔的处理量、锅炉的出汽量等。

负荷的改变是由生产需要决定的,当负荷在极限范围内时,设备就能正常运转。由于生产的需要改变负荷时,往往会影响对象的特性,所以在研究对象特性时,应了解、分析负荷对对象特性三个参数的影响。

在自动控制系统中,对象负荷变化的性质(大小、快慢和次数)看作系统的扰动,它直接影响控制过程的稳定性。如果负荷变化很大,又很频繁,控制系统就很难稳定下来,控制质量就难以保证,所以对象的负荷稳定是有利于控制的。

(二)对象的自衡

如果对象的负荷改变后,无须外加控制作用,被控变量能自行趋近于一个新的稳定值,这种性质被称为对象的自衡性。

如图 3-15 所示,普通液体贮槽在稳定状态时,流入量和流出量相等,液位保持在某一高度。如果流入量突然增加,液位将逐渐上升。由于液位的升高,流出量将随着液体静压力的增大而增加,于是流入、流出量的差值逐渐减小,液位上升速度逐渐变慢,最后使流入量与流出量重新相等,液位又自行稳定在一个新的高度。这就是一个常见的有自衡性对象的例子,其响应曲线如图 3-15 所示。

在图 3-15 中,若在贮槽出口处安装一台泵,情况将发生变化,因为此时流出量由泵的转速决定而与液位高度无关。如果流入量突然增加,则液位将一直上升,不能自行重新稳定,所以它是无自衡特性的对象。

可见,具有自衡特性的对象有利于控制,只要选用比较简单的控制器,就能获得满意的质量控制。除了部分化学反应器、锅炉汽包及上述用泵排液的对象之外,大多数的对象都具有一定的自衡性。

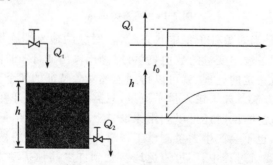

图 3-15 自衡液位对象及其阶跃相应曲线

三、典型过程特性的确定

在化工生产过程中，一般遇到的被控对象有各类换热器、流体设备、贮液槽等。在连接生产过程中，最基本的关系是物料和能量平衡。在动态条件下，上述的两个平衡关系是单位时间进入系统的物料（或能量）与单位时间内流出的物料（或能量）贮存量的变化率。下面以几个简单对象为例来介绍对象动态特性的分析求法。

（一）一阶对象

图 3-15 所示的是一个简单的水位控制对象，流入量 Q_1 由进水阀控制，流出量 Q_2 由出水阀控制。工艺要求水槽的水位 h 维持不变，所以水位 h 为被控变量，进水阀的开度变化是外部干扰，而出水阀的开度改变是控制作用。现在要研究对象的特性，就是要找出水槽的输入量和输出量之间的相互作用的规律。

由体积守恒可得

$$(Q_1 - Q_2)\mathrm{d}t = A\mathrm{d}h \tag{3-16}$$

其中，因为在自动控制系统中，各个变量都是在给定值附近做微小的波动，可以近似认为 Q_2 和 h 成正比，与 R_S 成反比（出水阀开度不变，R_S 不变），用式子表示，$Q_2 \approx h/R_S$；R_S 为局部阻力项。 \hfill (3-17)

由此可得

$$R_S Q_1 = h + A R_S (\mathrm{d}h/\mathrm{d}t) \tag{3-18}$$

令 $T = A R_S$，$K = R_S$，则式(3-18)可以改写成下述标准形式

$$K Q_1 = h + T(\mathrm{d}h/\mathrm{d}t) \tag{3-19}$$

这就是用来描述简单水槽对象特性的微分方程式，它是一阶常系数微分方程式，式中 T 为对象的时间常数，K 为对象的放大系数。

（二）积分对象

如果将图 3-15 中液体贮槽的出水阀换成定量泵，如图 3-16 所示，则其流出量将与液位无关。当流入量 Q_1 发生阶跃变化时，液位 h 即发生变化。由于流出量是不变的，所以贮槽水位的变化只与流入量 Q_1 的变化量有关，由体积守恒可得，其微分方程式为

$$(Q_1 - Q_2)\mathrm{d}t = A\mathrm{d}h \tag{3-20}$$

由此可得

$$Q_1 = Q_2 + A(\mathrm{d}h/\mathrm{d}t) \tag{3-21}$$

对式(3-20)积分则有

$$h = (1/A) \int (Q_1 - C)\mathrm{d}t \tag{3-22}$$

式中，Q_1 为流入水体积流量变化量；

$\mathrm{d}h$ 为水位相对稳态值的增量；

A 为水槽截面积。

$Q_2 = C$，C 为常数。

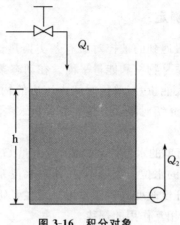

图 3-16　积分对象

图 3-16 中的无自衡特性水槽对象的输出变量与输入变量对时间的积分成比例,即为积分对象。

(三)二阶对象

实际生产中的被控对象往往是比较复杂的,常具有一个以上的储存容量。如图 3-17a 所示,被控对象有两个水槽,即具有两个贮水的容积,故称为双容对象。双容对象实际上是由两个一阶对象串联起来的,其中被控变量是第二个水槽水位 h_2,当流入水流量有一个阶跃改变量时,被控变量变化的相应曲线如图 3-17b 所示,它不再是简单的指数曲线,而是一条呈 S 形的曲线。由于增加了一个容量,使得被控对象的相应曲线在时间上更加落后一步。假定在输入、输出的变化量很小的情况下,水槽的液位与输出流量之间具有线性关系,即

$$Q_{12} = h_1/R_{s1} \quad Q_2 = h_2/R_{s2}$$

根据物料平衡的关系,两只水槽的动态方程为

$$(Q_1 - Q_{12})\mathrm{d}t = A_1 \mathrm{d}h_1 \tag{3-23}$$

$$(Q_{12} - Q_2)\mathrm{d}t = A_2 \mathrm{d}h_2 \tag{3-24}$$

式(3-23)和(3-24)中:Q_1 表示水槽 1 流入水体积的流量变化量;Q_{12} 表示水槽 1 流出水体积的流量变化量;Q_2 表示水槽 2 流出水体积的流量变化量;h_1 表示水槽 1 水位相对稳态值的增量;h_2 表示水槽 2 水位相对稳态值的增量;A_1 表示水槽 1 的截面积;A_2 表示水槽 2 的截面积。

整理以上式子,消去中间变量后求得

$$KQ_1 = h_2 + (T_1 + T_2)(\mathrm{d}h_2/\mathrm{d}t) + T_1 T_2 (\mathrm{d}^2 h_2/\mathrm{d}t^2) \tag{3-25}$$

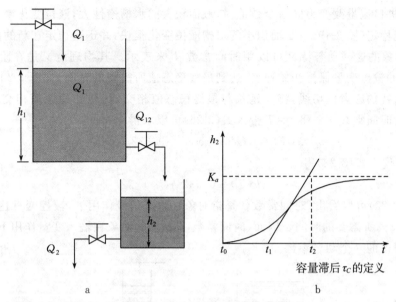

图 3-17　串联水槽对象

四、对象特性参数

前面用数学分析法对对象的特性做了简单的描述,但是在实际工作中,常用放大系数 K、时间常数 T 和滞后时间 τ 这三个参数来描述对象的特征。这三个参数称为对象的特性参数。

(一)放大系数 K

解式(3-19)可得

$$h(t) = KQ_1(1 - e^{-t/T}) \qquad (3\text{-}26)$$

式(3-26)是单容对象在受到阶跃扰动作用(即将开水阀开大)后,其输出量(液位)随时间的变化规律,其相应曲线如图 3-18 所示。

由式(3-26)可看出,当时间 $t \to \infty$ 时,液位将达到新的稳态值,此值为 $h(\infty) = KQ_1$,它与扰动量之比为一常数,即

$$K = h(\infty)/Q_1 \qquad (3\text{-}27)$$

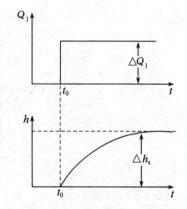

图 3-18　水槽的液位变化曲线

由式(3-27)可见,K 在数值上等于对象重新稳定后的输出变化量与输入变化量之比。它的值只与过程的起点和终点有关,而与变化过程无关,所以它们代表对象的静态特性,通常称为对象的放大系数。当输入为操纵变量的控制作用时,用 K_0 表示控制通道的放大系数;当输入为扰动作用时,用 K_f 表示干扰通道的放大系数。

(二)时间常数 T

在实际生产中很容易发现,有的对象在输入变量作用下,被控变量的变化速度很快,能迅速达到新的稳态值;有的对象在输入变量的作用下,惯性很大,被控变量要经过很长的时间才能达到新的稳态值。从图 3-19 可见,横截面积很大的水槽与横截面积很小的水

槽相比,当进口流量改变为同一个数值时,截面积大的水槽惰性大,液位变化慢,要经过很长时间才能稳定(图 3-19a);截面积小的水槽液位变化很快,并迅速稳定在新的数值上(图 3-19b)。对象的这一动态特性可以用时间常数 T 来表示。其物理意义是在阶跃输入作用下,对象的输出变量保持初始速度,达到最终稳态值所需要的时间,如图 3-20 所示。在阶跃相应曲线的起点作切线,将其延长与最终稳态值相交,切线与稳态值相交点 A 的时间间隔即为时间常数 T。将 $t=T$ 带入式(3-26)可以求得

$$h(T)=KQ_1(1-e^{-1})=0.632\,KQ_1 \tag{3-28}$$

将式(3-27)代入式(3-28)得

$$h(T)=0.632\,h(\infty) \tag{3-29}$$

由式(3-29)可以看出,时间常数就是指对象在阶跃信号作用下,被控变量达到新的稳态值的 63.2% 所需要的时间。因而,时间常数 T 是反映对象在输入变量作用下被控变量变化快慢程度的一个动态参数。

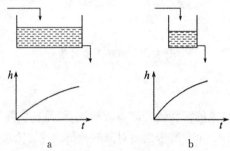

图 3-19　不同时间常数的响应曲线

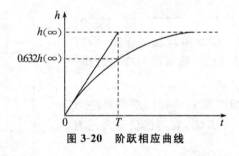

图 3-20　阶跃相应曲线

(三)滞后时间 τ

在输入参数变化后,输出参数不能立即发生变化,而需要等待一段时间才开始产生明显变化。

1.传递滞后

传递滞后又叫作纯滞后,一般用 τ_0 表示。τ_0 的产生一般是由于介质的输送需要一段时间而引起的。

图 3-21a 为输送机械输送物料示意图。常见的溶解槽进料、糖厂的砂糖送往打包机仓内以备装袋等均属此类情况。从图 3-21 中可知,当闸板的开度变化而引起下料量改变时,不会立即影响工艺设备的参数。因为进料量的改变必须经过履带输送机的总长度 l 才能达到工艺设备,这个输送时间为 $t=l/v$。在 t 这段时间里,闸板的启闭能影响下料

量,但对下一步的工艺设备没有丝毫影响。当以料斗的下料量作为对象的输入,溶液浓度作为输出时,其反应曲线如图 3-21b 所示。

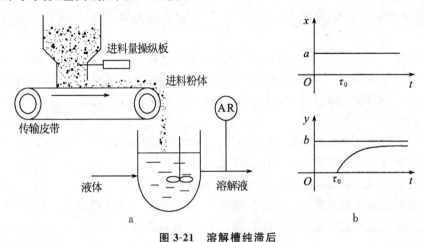

图 3-21 溶解槽纯滞后

2.容量滞后

有些对象在受到阶跃输入 x 作用后,被控变量 y 开始变化很慢,后来才逐渐加快,最后又变慢直至逐渐接近稳定值,这种现象叫作容量滞后。

容量滞后一般是由于物料或能量的传递需要通过一定阻力而引起的。如图 3-17a 所示,Q_1 变化后的流量进入被控系统后,首先使 h_1 逐步发生变化;经过时间 t 后,h_1 有了较大变化,才引起 Q_{12} 发生明显变化,并进而导致 h_2 开始发生显著变化。

将 h_2 的响应曲线放大,并经过拐点作一切线交于时间轴于 t_1 点,如图 3-17b 所示,从输入信号 Q_i 开始变化到交点 t_1 的这段时间就定义为该系统的容量滞后时间 τ_c:$\tau_c = t_1 - t_0$。对比单、双容对象的响应曲线可以看出,双容对象由于容量数目多,响应特性曲线就出现一个容量滞后 τ_c。

五、描述过程特性参数对系统的影响

一般来说,对于不同的通道,对象的过程特性参数(K, T, τ)对控制作用的影响是不同的。

(一)对于控制通道

放大系数 K 大,操纵变量的变化对被控变量的影响就大,即控制作用对扰动的补偿能力强,余差也小;放大系数 K 小,控制作用的影响不显著,被控变量的变化缓慢;但 K 太大,会使控制作用对被控变量的影响过强,使系统的稳定性下降。

在相同的控制作用下,时间常数 T 大,则被控变量的变化比较缓慢,此时对象比较平稳,容易进行控制,但过渡过程时间较长;若时间常数 T 小,则被控变量变化速度快,不易控制。时间常数太大或太小,在控制上都将存在一定困难,因此需要根据实际情况适当考虑。

滞后时间的存在,使得控制作用总是落后于被控变量的变化,造成被控变量的最大偏差增大,控制质量下降。因此,应尽量减小滞后时间。

(二)对于扰动通道

放大系数 K 对控制不利,因为当扰动频繁出现且幅度较大时,被控变量的波动就会很大,使得最大偏差增大;而放大系数 K 小,即使扰动较大,对被控变量仍然不会产生多大影响。

时间常数 T 大,扰动作用比较平缓,被控变量变化较平稳,对象较易控制。

纯滞后的存在,相当于将扰动推迟时间才进入系统,并不影响控制系统的品质;而容量滞后的存在,则将使阶跃扰动的影响趋于缓和,被控变量的变化相应也缓和些,因此对系统是有利的。

目前常见的化工对象的滞后时间和时间常数大致情况如下:

被控变量为压力的对象——τ 不大,T 也属中等;

被控变量为液位的对象——τ 很小,而 T 稍大;

被控变量为流量的对象——τ 和 T 都很小,数量级往往在几秒至几十秒;

被控变量为温度的对象——τ 和 T 都较大,几分钟至几十分钟。

任务 3.3　使用控制器

[任务描述]

控制器是控制系统的核心,它在控制系统中对设定目标和检测信息作出比较、判断和决策命令,控制执行器的动作。控制器使用是否得当,直接影响控制质量。本次任务将学习控制系统对计算出的偏差如何进行运算,从而发出适合于控制系统的控制信号。

[任务目标]

了解控制规律的概念;了解电动控制器的结构特点以及使用方法;掌握基本控制规律的表达式;掌握比例度、积分时间和微分时间对过渡过程的影响;理解不同控制规律适合的不同对象。

[相关知识]

一、概述

(一)自动控制仪表

在自动控制系统中,自动控制仪表将被控变量的测量值与给定值相比较,产生一定的偏差,控制仪表根据该偏差进行一定的数学运算,并将运算结果以一定的信号形式送往执行器,以实现对被控变量的自动控制。

(二)控制仪表的三个发展阶段

1.基地式控制仪表

将测量、显示、控制等各部分集中组装在一个表壳里,从而形成一个整体,并且可就地安装的一类仪表。

特点:

①综合与集中:基地式控制仪表把必要的功能部件全部集中在一个仪表之内,只需配上调节阀便可构成一个调节系统。

②基地式控制仪表系统结构简单,不需要变送器,使用和维护方便,可防爆。由于现场安装,因而测量和输出的管线很短。基地式控制仪表减少了气动仪表传送带滞后的缺点,有助于控制性能的改善。

③基地式控制仪表的缺点是功能较简单,不便于组成复杂的调节系统,外壳尺寸大,精度稍低。由于不能实现多种参数的集中显示与控制,也在一定程度上限制了基地式控制仪表的应用范围。

基地式控制仪表特别适用于中小型企业里数量不多或分散地就地调节系统。在大型企业的某些辅助装置、次要的工艺系统以及单机的局部控制,为了避免集控装置的负担过重,为增加系统的可靠性、安全性也会用到基地式控制仪表。

2. 单元组合式仪表

单元组合式仪表是在我国 20 世纪 50 年代以后发展起来的,它们与复杂控制系统的推广应用相适应。单元组合式仪表是按照自动调节系统中各组成部分的功能和现场使用要求,分成若干个独立的单元。各单元之间用标准信号联系。在使用时再按一定的要求,将各单元组合在一起。单元组合式仪表按工作能源又可分成气动单元组合式仪表和电动单元组合式仪表。单元组合式仪表中的控制单元能够接受测量值与给定值信号,然后根据它们的偏差发现与之有一定关系的控制作用信号。

3. 以微处理器为基元的控制装置

微处理器自 20 世纪 70 年代初出现以来,由于它灵敏、可靠、价廉、性能好,很快在自动控制领域得到广泛的应用。以微处理器为基元的控制装置,其控制功能丰富、操作方便,很容易构成各种复杂的控制系统。目前,在自动控制系统中应用以微处理器为基元的控制装置主要有总体分散控制装置、单回路数字控制器、可编程数字控制器(PLC)和微计算机系统等。

二、基本控制规律

(一)概论

控制器的控制规律是指控制器的输出信号与输入信号之间的关系,即

$$p = f(e) = f(z - x) \tag{3-30}$$

研究控制器的控制规律时是把控制器和系统断开的,即只在开环时单独研究控制器本身的特性。控制器的输入信号是经比较后的偏差信号 e,它是给定值信号 x 与变送器送来的测量值信号 z 之差。在分析自动化系统时,偏差采用 $e = x - z$,但在单独分析控制仪表时,习惯上采用 $e = z - x$。

在研究控制器的控制规律时,经常先假定控制器的输入信号 e 是一个阶跃信号,然后来研究控制器的输出信号 p 随时间的变化规律。

控制器的基本控制规律有位式控制(其中以双位控制比较常用)、比例控制(P)、积分控制(I)、微分控制(D)。

不同的控制规律适用于不同特性和要求的工艺生产过程。选择合适的控制器控制规律,能使控制器与工业对象实现很好的配合,使构成的控制系统满足工艺上对控制质量指标的要求。因此,必须首先了解控制器的基本控制规律及其适用范围,然后根据工艺生产对控制系统控制指标的各种要求,结合具体过程以及控制系统其他各个环节的特性,对控制器的控制规律作出正确的选择。

(二)位式控制

1. 双位控制

双位控制是最简单的一种控制方式。双位控制的动作规律是当测量值大于给定值时,控制器的输出为最大(或最小),而当测量值小于给定值时,则输出为最小(或最大)。所以,控制器的输出只有最大值和最小值两种情况,控制阀的工作位置也只有全开和全关两种情况。双位控制时,控制阀相当于开关的作用,理想的双位控制器其输出 p 与输入偏差 e 之间的关系为

$$p=\begin{cases} p_{max},e>0(或\ e<0) \\ p_{min},e<0(或\ e>0) \end{cases} \tag{3-31}$$

理想的双位控制器特性如图 3-22 所示。

图 3-23 为贮槽液位的双位控制示意图。这种装置利用电极式液位计来控制贮槽的液位。贮槽内用一个电极来测量槽内液位。电极一端与继电器线圈相连,另一端处于液位的设定位置。液体经装有电磁阀 V(常开型)的管路流入贮槽,并从出料阀流出。液体是导电的介质,贮槽的外壳接地,当液位高度低于设定值 H_0 时,由于液体与电极未接触,故继电器处于断路状态,此时电磁阀全开,液体经电磁阀流入贮槽,槽内液体升高。当液位上升至给定值时,槽内液体与电极接触,于是继电器所在电路处于接通状态,关闭电磁阀,液体停止流入贮槽,液位不再升高。而此时的出料阀继续向外流出,导致液位再次下降。如此重复上述过程,液位可控制在设定值附近的一个很小的范围内。

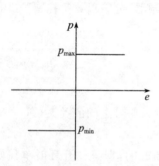

图 3-22 理想双位控制特性图

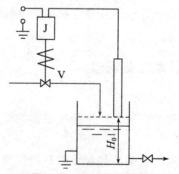

图 3-23 双位控制示例

2. 具有中间区的双位控制

双位控制的缺点是运动部件(如继电器、电磁阀等)动作频繁,容易损坏,所以实际应用中的双位控制器具有一个中间区。将图 3-23 中的测量装置及继电器线路稍加改变,便可成为一个具有中间区的双位控制器,如图 3-24 所示。具有中间区的双位控制过程如图 3-25所示。由于设置了中间区,当偏差在中间区内变化时,控制机构不会动作,因此可以使控制机构开关的频繁程度大为降低,延长了控制器中运动部件的使用寿命。

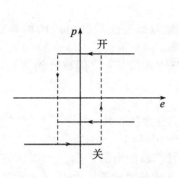

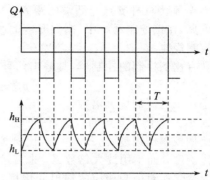

图 3-24 实际的双位控制规律图 　　图 3-25 具有中间区的双位控制过程

双位控制过程实际上是一个等幅振荡过程,所以一般采用振幅与周期作为品质指标。只要保证被控变量波动的上、下限在允许范围内,振荡周期长些可减少运动部件动作的次数,减少磨损,所以比较有利。

双位控制器结构简单、成本较低、易于实现,因而应用很普遍。

(三) 比例控制

在双位控制系统中,被控变量(液位)不可避免地会产生持续的等幅振荡过程。这是因为双位控制器只有两个特定的输出值,相应的控制阀也只有两个极限位置,势必在一个极限位置时,流入对象的液体大于流出对象的液体,被控变量(液位)上升;而在另一个极限位置时,情况正好相反,被控变量(液位)下降;如此反复,被控变量势必产生等幅振荡。

为了避免这种情况,应该使控制阀的开度与被控变量的偏差成比例,根据偏差的大小,控制阀处于不同的位置,这样就有可能获得与对象负荷相适应的操纵变量,从而使被控变量趋于稳定,达到平衡状态,这就是比例控制。

如图 3-26 所示,在液位控制系统中,被控变量是水箱的液位,浮球是测量元件,杠杆就是一个最简单的控制器。杠杆通过中间的支点,一端固定着浮球,另一端和控制阀连接。浮球能随着液位的升高而升高,随液位的下降而一起下降。浮球通过有支点的杠杆带动阀芯,浮球升高阀门关小,输入流量减少;浮球下降阀门开大,流量增加。

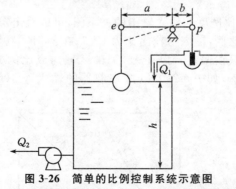

图 3-26 简单的比例控制系统示意图

如图 3-26,杠杆在液位改变前的位置用实线表示,改变后的位置用虚线表示,根据相似三角形原理

$$\frac{a}{b}=\frac{e}{p} \qquad p=\frac{b}{a}e \qquad (3-32)$$

式中,e 为杠杆左端的位移,即液位的变化量;

p 为杠杆右端的位移,即阀杆的位移量;

a,b 为分别为杠杆支点与两端的距离。

由此可见,在该控制系统中,阀门开度的改变量与被控变量(液位)的偏差成比例,这就是比例控制规律。

对于具有比例控制的控制器,其输出信号 p 与输入信号 e 之间成比例关系,即

$$p = K_P e \qquad\qquad (3\text{-}33)$$

式中,K_P 是一个可调的放大倍数。

$K_P = b/a$,改变杠杆支点的位置,便可改变 K_P 的数值。K_P 决定了比例控制的强弱:K_P 越大,比例控制作用越强;K_P 越小,比例控制作用越弱。在实际的比例控制器中,习惯上使用比例度 δ 而不用放大倍数 K_P 来表示比例控制作用的强弱。所谓比例度是指控制器输入的变化相对值与相应的输出变化相对值之比的百分数。用式子表示为

$$\delta = \left(\frac{e}{x_{max} - x_{min}} \middle/ \frac{p}{p_{max} - p_{min}} \right) \qquad\qquad (3\text{-}34)$$

式中,e 为输入变化量;

p 为输出变化量;

$x_{max} - x_{min}$ 为输入的最大变化量及仪表的量程;

$p_{max} - p_{min}$ 为输出的最大变化量,即控制器输出的工作范围。

将式(3-34)改写后,得

$$\delta = \frac{e}{p} \times \left(\frac{p_{max} - p_{min}}{x_{max} - x_{min}} \right) \times 100\% \qquad\qquad (3\text{-}35)$$

$$\delta = \frac{1}{K_P} \times \left(\frac{p_{max} - p_{min}}{x_{max} - x_{min}} \right) \times 100\% \qquad\qquad (3\text{-}36)$$

对于一只具体的比例控制器,仪表的量程和控制器的输出范围都是固定的,即

$$K = \frac{p_{max} - p_{min}}{x_{max} - x_{min}} \qquad\qquad (3\text{-}37)$$

式中,K 是一个固定常数。

将式(3-37)代入式(3-36),得

$$\delta = \frac{K}{K_P} \times 100\% \qquad\qquad (3\text{-}38)$$

图 3-27 为控制器的比例度与输入输出的关系图,可以看出:当 $\delta = 100\%$ 时,控制器的输入输出在全范围内成比例,输入与输出比为 1:1;在 $\delta < 100\%$ 情况下,如 $\delta = 50\%$ 时,控制器输出与输入的变化只在偏差 e 为 $0\sim50\%$ 的区域内成比例关系,输入与输出的比为 1:2;在 $\delta > 100\%$ 情况下,如 $\delta = 200\%$ 时,控制器的输入作 100% 的变化时,输出只作 50% 的变化。

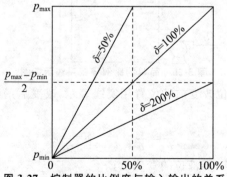

图 3-27　控制器的比例度与输入输出的关系

因此，比例度 δ 的数值越大，则比例放大倍数 K_P 越小，比例作用越弱；比例度 δ 的数值越小，则比例放大倍数 K_P 越大，比例作用就越强。在实际的控制器上有专门的比例度旋钮，如果要增强比例控制的作用，减小比例度 δ 的数值即可。

图 3-28 表示上述液位比例控制系统的过渡过程。如果系统原来处于平衡状态，那么液位恒定在某值上。在 $t=t_0$ 时，系统外加一个干扰作用，即出水量 Q_2 有一个阶跃增加，液位开始下降，浮球也跟着下降。通过杠杆使进水阀的阀杆上升，这就是作用在控制阀上的信号 P，于是进水量 Q_1 增加。

由于 Q_1 增加，促使液位下降速度逐渐减慢，一段时间后，待进水量与出水量相等时，系统又建立新的平衡，液位稳定在一个数值上。但是控制过程结束时我们发现，液位的新稳态值将低于给定值，它们之间的差就是余差。

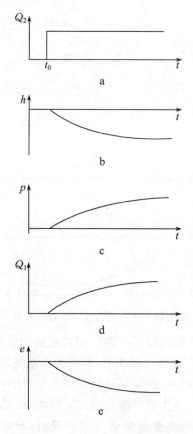

图 3-28 比例控制系统过渡过程

为什么存在余差呢？它是比例控制的必然结果。从图 3-26 可以看出，原来系统处于平衡时，进水量与出水量相等，此时控制阀有一固定开度，杠杆位于水平位置。当 $t=t_0$ 时，出水量有一阶跃增大量，于是液位下降，引起进水量增加。只有当进水量增加到与出水量相等时才能重新平衡，而液位也不再变化。

但进水量要增加，控制阀必须开大，阀杆必须上移。因为杠杆是一种刚性的结构，浮球必然下移，也就是液位稳定在比原来给定值要低的位置上，其差值就是余差。存在余差是比例控制的缺点，但浮球随液位的变化与进水阀门开度的变化是同步的。

所以，比例控制的优点是反应快，控制及时。输出立刻与它成比例地变化，偏差越大，输出控制作用越强。

一个比例控制系统，如果对象的特性不同，相同比例度时所得到的控制系统的过渡过程形式也是各不相同的。对象的特性受实际工艺设备的限制是不能随意改变的。为了得到系统理想的过渡过程形式，改善系统的特性，可以通过选择合适的比例度数值来获得所希望的过渡过程形式。比例度对控制过程的影响如图 3-29 所示。

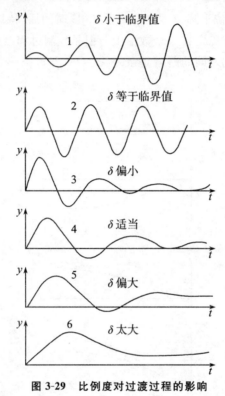

图 3-29 比例度对过渡过程的影响

由图 3-29 可见，比例度 δ 越大则 K_P 越小，过渡过程曲线越平稳，但余差很大；比例度越小，则过渡过程曲线越振荡；比例度过小时，就可能出现发散振荡。当比例度 δ 太大时，即放大倍数 K_P 太小，在干扰产生后，控制器的输出变化很小，控制阀开度改变很小，被控变量的变化很缓慢（曲线 6）。当比例度偏大时，K_P 偏小，在同样的偏差下，控制器输出较大，控制阀开度改变也较大，被控变量变化也比较灵敏，开始有些震荡，余差不大（曲线 5）。当比例度偏小，控制阀开度改变更大，大到有点过分时，被控变量也就跟着过分地变化，再拉回来时又拉过头，结果会出现激烈的振荡（曲线 3）。当比例度继续减小至某一数值时，系统出现等幅振荡，这时的比例度称为临界比例度 δ_K（曲线 2）。当比例度小于 δ_K 时，比例控制作用太强，在干扰产生后，被控变量将出现发散振荡（曲线 1），这是很危险的。工艺生产通常要求比较平稳而余差又不太大的控制过程，（曲线 4），因此要选择合适的比例度 δ，比例控制作用适当，被控变量的最大偏差和余差都不太大，过渡过程稳定得快，一般只有两个波，控制时间短。

比例控制作用虽然及时,控制作用强但是有余差存在,被控变量不能完全回复到设定值,控制精度不高。因此,比例控制只能用于干扰较小、滞后较小且时间常数又不太小的对象。

(四)积分控制

当对控制质量有更高要求时,就需要在比例控制的基础上,再加上能消除余差的积分控制作用。

1.积分控制规律

积分控制作用的输出变化量 p 与输入偏差 e 的积分成正比,即

$$p = K_I \int e \mathrm{d}t \tag{3-39}$$

式中,K_I 称为控制器的积分速度。

在幅度为 A 的阶跃偏差作用下,积分控制器的输出结果为

$$p = K_I \int e \mathrm{d}t = K_I A t \tag{3-40}$$

即输出是一条直线(图3-30)。由图3-30可见,当有偏差存在时,输出信号将随时间的不断增长(或减小)。当偏差为零时,输出才停止变化而稳定在某一值上,因而用积分控制器组成控制系统可以达到无余差。

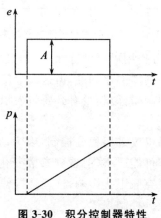

图3-30　积分控制器特性

输出直线的斜率即输出的变化速度正比于控制器的积分速度 K_I,K_I 越大,积分作用越强。在实际控制器中,常用积分时间 T_I 来表示积分作用的强弱,在数值上 T_I 与 K_I 关系为

$$\frac{\mathrm{d}p}{\mathrm{d}t} = K_I A \qquad T_I = 1/K_I \tag{3-41}$$

2.比例积分控制规律

积分控制规律虽然能消除余差,但在工业生产上很少单独使用。因为一般情况下,它的控制作用总是滞后于偏差的存在,会使控制过程变慢,不能及时有效地克服扰动的影响,难以使控制系统稳定下来。因此,生产上都是将比例作用与积分作用组合成比例积分控制规律来使用的。

$$p = K_P \left(e + \frac{1}{T_I} \int e \mathrm{d}t \right) \tag{3-42}$$

3. 积分时间 T_I 对过渡过程的影响

在一个纯比例的闭环控制系统中引入积分作用时,若比例度 δ 不变,则可从图 3-31 所示的曲线看出,T_I 过大,积分作用不明显,余差消除很慢(曲线 3);T_I 小且易于消除余差,但系统振荡加剧,曲线 2 适宜,曲线 1 振荡就太剧烈了。

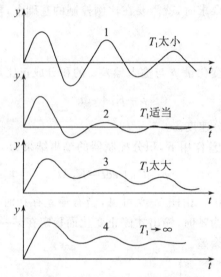

图 3-31　积分时间对过渡过程的影响

在比例控制系统中引入积分作用可以消除余差,但是系统的稳定性降低。若要保持系统原有的稳定性,就要加大控制器的比例度,但这又会使系统的其他控制指标下降。因此,如果余差不是系统的主要控制指标,就没有必要引入积分作用。

(五)微分控制

对于惯性较大的对象,如果仅仅采用积分控制,因为动作过于缓慢,会使控制作用不及时。在人工控制时,虽然偏差可能还小,但看到参数变化很快,估计很快就会有更大偏差,就会过分地改变阀门开度以克服干扰影响,这就是按偏差变化速度进行控制。在自动控制时,这就要求控制器具有微分控制规律。

微分控制规律就是控制器的输出信号与偏差信号的变化速度成正比,数学表达式为

$$p = T_D \frac{\mathrm{d}e}{\mathrm{d}t} \tag{3-43}$$

式中,T_D 为微分时间,$\mathrm{d}e/\mathrm{d}t$ 为偏差信号变化速度。

式(3-43)表示理想微分控制器的特性,若在 $t = t_0$ 时输入一个阶跃信号,则在 $t = t_0$ 时,控制器输出将为无穷大,其余时间为零,如图 3-32 所示。

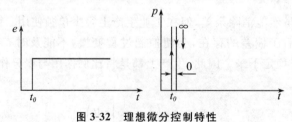

图 3-32　理想微分控制特性

这种控制规律用在控制系统中,即使偏差很小,只要出现变化趋势,马上就进行控制,故有超前控制之称,这是它的优点。但是,它的输出不能反映偏差的大小,假如偏差固定,即使数值很大,微分作用也没有输出,因而控制结果不能消除偏差,所以不能单独使用这种控制器,它常与比例或比例积分控制作用组合构成比例微分或三作用控制器。

1. 比例微分控制

$$p = K_P \left(e + T_D \frac{de}{dt} \right) \tag{3-44}$$

微分作用按偏差的变化速度进行控制,其作用比比例作用快,因而对惯性大的对象用比例微分可以改善控制质量,减小最大偏差,节省控制时间(图 3-33)。

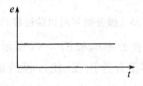

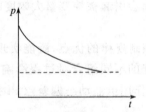

图 3-33   比例微分控制器特性

2. 比例积分微分控制

比例积分微分(PID)控制规律为

$$p = K_P \left(e + \frac{1}{T_I} \int e dt + T_D \frac{de}{dt} \right) \tag{3-45}$$

当有阶跃信号输入时,输出为比例、积分和微分三部分输出之和,如图 3-34 所示。这种控制器既能快速进行控制,又能消除余差,具有较好的控制性能。

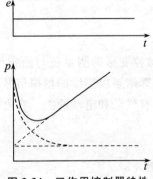

图 3-34   三作用控制器特性

3. 微分时间对过渡过程的影响

微分作用的强弱用微分时间 T_D 来衡量。微分作用力图阻止被控变量的变化,有抑制振荡的效果,但如果加得过大,由于控制作用过强,反而会引起被控变量大幅度的振荡(图 3-35)。

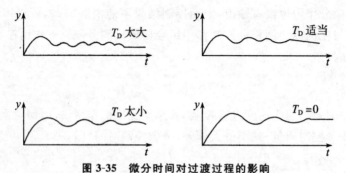

图 3-35　微分时间对过渡过程的影响

微分时间 T_D 对系统过渡过程的影响如图 3-35 所示。T_D 小,微分作用弱,最大偏差抑制不好,振荡周期长;T_D 大,则微分作用强,使过程的最大偏差减小,振荡周期减小,余差也能小些,可见微分作用力图阻止被控变量的变化,有抑制振荡的效果;但如果 T_D 加得过大,由于控制作用过强,反而会引起被控变量大幅度的振荡。

(六)几种调节方法的比较

PID 控制规律综合了各类控制规律的优点,既能实现快速控制,又能消除余差,具有较好的控制性能。三种控制规律的不同组合对过程影响如图 3-36 所示:PID 最好;PI 控制第二;PD 控制有余差;纯比例作用虽然动态偏差较 PI 控制小,但余差大;单纯积分作用质量最差。

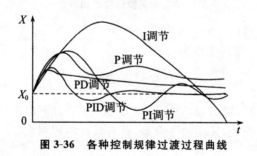

图 3-36　各种控制规律过渡过程曲线

三、模拟式控制器

模拟式控制器的作用是将被控变量的测量值与给定值比较,将比较后的偏差进行比例、积分、微分等运算,然后将运算结果以连续的模拟信号形式送往执行器。

根据所用的能源不同,主要有气动和电动两类。在电动控制器中,目前用得最多的是 DDZ-Ⅲ 型。

(一)基本构成

模拟式控制器基本构成见图 3-37。

1. 比较环节

将测量值与设定值进行比较,产生一个与它们的偏差成比例的偏差信号。

在电动控制器中,给定信号与测量信号都是以电信号出现的,因此比较环节都是在输入电路中进行电压或电流信号的比较。

2. 放大器

放大器实质上是一个稳态增益很大的比例控制环节,将偏差信号、反馈信号、载波信号叠加后进行放大。

3. 反馈环节

将输出信号通过一定的运算关系反馈到放大器的输入端,以实现比例、积分、微分等控制规律。

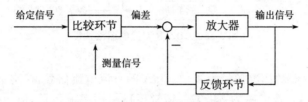

图 3-37　模拟式控制器基本构成

(二)DDZ-Ⅲ 电动控制器

1. 特点

(1)采用国际电工委员会(IEC)推荐的统一标准信号:4～20 mA DC 或 1～5 V DC,信号电流与电压的转换电阻为 250 Ω。

(2)高度集成化,可靠性高,维修量少。

(3)全系统统一采用 24 V DC 电源供电,单元仪表无须单独设置电源。

(4)功能齐全,结构合理。

(5)具有本质安全性能:设计上按照国家防爆规程进行,工艺上对容易脱落的元件部件都进行了胶封,增加了安全单元——安全栅,实现了控制室与危险场所之间的能量限制与隔离,使仪表不会引爆。

2. 基本功能

(1)控制功能。

自动控制是针对偏差,按 PID 规律自动调整输出;手动控制是由人工直接设定输出值;软手动是输出随时间按一定的速度增加或减小;硬手动是瞬间直接改变输出值。

(2)显示功能。

输入显示、设定值显示、手动给定显示、输出显示、(输出)限位报警。

(3)调整功能。

给定输入调整、控制参数整定。

3. 无扰动切换

在不同的控制方式相互切换过程中,输出参数和系统状态不发生突变。无干扰切换的实现是在切换前,调节手动输出参数或设定值,使输出值与自动输出值保持一致。

4. 结构原理图

Ⅲ型控制器主要由输入电路、给定电路、PID 运算电路、自动与手动(包括硬手动和软手动两种)切换电路、输出电路及指示电路等组成,其结构图如图 3-38 所示。

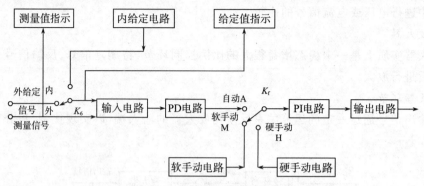

图 3-38　DDZ-Ⅲ型控制器结构图

5. 信号传输

DDZ-Ⅲ型控制器的标准信号为 4～20 mA 的直流电流信号,控制室联络信号为 1～5 V 的直流电压信号,转换电阻为 250 Ω。信号传输采用电流传送、电压接收的并联制,进入控制室的信号为电流信号。该信号再通过电阻转换成相应的电压信号,控制室各仪表并联在转换电阻上,如图 3-39 所示。

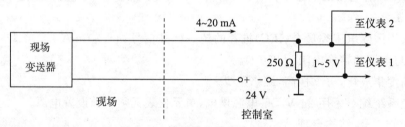

图 3-39　控制器信号传输线路图

6. 表头示意图

DTL-3110 型调节器正面图见图 3-40。

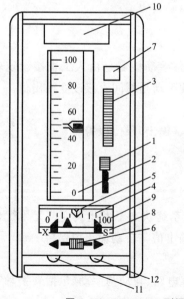

1. 自动—软手动—硬手动切换开关;

2. 双针垂直指示器;

3. 内给定设定论;

4. 输出指示器;

5. 硬手动操作杆;

6. 软手动操作板键;

7. 外给定指示灯;

8. 阀位指示器;

9. 输出记录指示;

10. 位号牌;

11. 输入检测插孔;

12. 手动输出插孔

图 3-40　DTL-3110 型调节器正面图

图 3-40 是一种全刻度指示调节器(DTL-3110)的面板图。它的正面表盘上装有两个指示表头;其中,一个双针指示表头 2 有两个指针。红针为测量信号指针,黑针为给定信号指针,它们可以分别指示测量信号和给定信号。偏差的大小可以根据两个指示值之差读出。

当仪表处于"内给定"状态时,给定信号是由拨动内给定设定轮 3 给出的,其值由黑针显示出来。当使用"外给定"时,仪表右上方的外给定指示灯 7 会亮,提醒操作人员以免误用内给定设定轮。

输出指示器 4 可以显示控制器输出信号的大小。输出指示表下面有表示阀门安全开度的输出记录指示 9,X 表示关闭,S 表示打开。11 为输入检测插孔,当调节器发生故障需要把调节器从壳体中卸下时,可把便携式操作器的输出插头插入调节器下部的输出插孔 12 内,可以代替调节器进行手动操作。

在控制器中还设有正、反作用切换开关,位于控制器的右侧面,把控制器从壳体中拉出时即可看到。正作用即当调节器的测量信号增大(或给定信号减少)时,其输出信号随之增大;反作用则当调节器的测量信号增大(或给定信号减少)时,其输出信号是随之减弱的。调节器正、反作用的选择是根据工艺要求而定的。

调节器面板右侧设有自动—软手动—硬手动切换开关,以实现无扰动切换。

在控制系统投运过程中,一般总是先手动遥控,待工况正常后,再切向自动。当系统运行中出现工况异常时,往往又需要从自动切向手动,所以控制器一般都兼有手动和自动两方面的功能可供切换。但是,在切换的瞬间,应当保持控制器的输出不变,这样才能使执行器的位置在切换过程中不至于突变,不会对生产过程引起附加的扰动,这称为无扰动切换。

该调节器在进行手动-自动切换时,自动与软手动之间的切换是双向无平衡无扰动的,由硬手动切换为软手动或由硬手动直接切换为自动也是无平衡无扰动的;但是,由自动或软手动切换为硬手动时,必须预先平衡方可达到无扰动切换,也就是说,在切换到硬手动之前,必须先调整硬手动操作杆,使操作杆与输出对齐,然后才能切换到硬手动。

四、数字式控制器

数字式控制器有模-数和数-模器件(A/D 和 D/A),两者在外观、体积和信号上都与 DDZ-Ⅲ型控制器相似或一致,也可装在仪表盘上使用(图 3-41)。

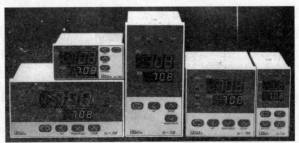

图 3-41 数字式控制器

五、可编程控制器(PLC)

可编程控制器(PLC)是一种数字运算操作的电子系统,专为在工业环境下应用而设计,它采用可编程序的存储器,用于其内部存储程序,执行逻辑运算、顺序控制、定时、计数和算术运算等面向用户的操作指令,并通过数字式或模拟式的输入/输出控制各种类型的机械或生产过程。可编程控制器(PLC)及其有关外部设备,都按易于与工业控制系统联成一个整体、易于扩充其功能的原则进行设计。

任务 3.4 执行器的选用

[任务描述]

在控制系统的各个组成部分中,执行器也是一个必不可少的重要环节。执行器的作用是接受控制器发送的控制信号,直接控制能量或物料等介质的输送量,以控制被控变量,使之稳定在工艺要求范围内。

在化工生产过程中,执行器都是在工作现场和生产介质直接接触的,而工业生产中的介质一般具有高温、高压、深冷、剧毒、易燃、易爆、强腐蚀、高黏度等特性。若执行器选择不当,可能会给生产过程自动控制带来困难,导致控制质量下降,甚至会造成严重的生产事故。因此,掌握执行器相关知识非常重要。我们以气动执行器为例进行说明。

[任务目标]

了解气动执行器的结构,控制阀的分类及特点,电气阀门定位器的作用;理解控制阀的工作原理,以及控制阀的流量特性及其分类特点;掌握执行器气开、气关方式的选择。

[相关知识]

一、气动薄膜式执行器

根据动作能源的不同,执行器可以分为以下三类。

第一类是气动执行器。该类执行器又分为气动薄膜式和活塞式两种,都以压缩空气为能源,具有结构简单、价格便宜、维修方便、防火防爆等优点,因而在工业生产过程中获得广泛的使用。电动控制仪表构成的系统也可通过电/气转换器把电信号转换为气信号后使用气动执行器。由于化工生产过程中多具有高温、高压、易燃、易爆等特点,因此许多场合对防爆有较为严格的要求,所以化工生产中气动薄膜执行器得到了极为广泛的应用。

第二类是电动执行器。该类执行器以电动机作为动力源,推动机构动作,具有能源取用方便、信号传输速度快、适于远距离传输、便于集中控制等优点,但结构比较复杂、防火防爆性能差,在化工生产装置中的使用受到一定的限制。

第三类是液动执行器。该类执行器以液压站提供的高压流体(液压油)为动力源,推动机构动作。它的推力大,适用于负荷较大的场合;但由于其辅助设备较笨重,在化工生产过程中较少使用,主要用于制造业。

气动执行器由执行机构和控制机构两部分组成。执行机构是执行器的推动装置,它按控制信号的大小产生相应的推力,推动控制机构动作,所以它是将信号压力的大小转换为阀杆位移的装置。控制机构是执行器的控制部分,它直接与被控介质接触,控制流体的流量。所以它是将阀杆的位移转换为流过阀的流量的装置。

图 3-42 是一种常用气动执行器的示意图。气压信号由上部引入,作用在薄膜上,推动阀杆产生位移,改变了阀芯与阀座之间的流通面积,从而达到控制流量的目的。图 3-42 中,上半部为执行机构,下半部为控制机构。

1.执行机构

执行机构主要分为薄膜式和活塞式两种。其中,薄膜式执行机构最为常用,它可以用作一般控制阀的推动装置,组成气动薄膜式执行器。它结构简单,价格便宜,维修方便,应用广泛。

气动活塞式执行机构的推力较大,主要适用于大口径、高压降控制阀或蝶阀的推动装置。

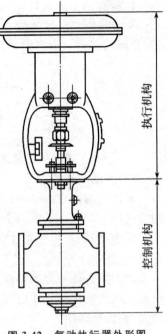

图 3-42 气动执行器外形图

气动执行机构按作用形式可分为正作用和反作用两种形式。当来自控制器的信号压力增大时,阀杆向下动作的叫正作用执行机构;当来自控制器的信号压力增大时,阀杆向上动作的叫作反作用执行机构。正作用执行机构的信号压力是通入波纹膜片上方的薄膜气室;反作用执行机构的信号压力是通入波纹膜片下方的薄膜气室。通常正作用的执行机构被应用在调节阀的口径较大的情况下。

根据有无弹簧,执行机构可分为有弹簧的及无弹簧的,有弹簧的薄膜式执行机构最为常用,无弹簧的薄膜式执行机构常用于双位式控制。

有弹簧的薄膜式执行机构的输出位移与输入气压信号成比例关系。当信号压力(通常为 0.02 M~0.1 MPa)通入薄膜气室时,在薄膜上产生一个推力,使阀杆移动并压缩弹簧,直至弹簧的反作用力与推力相平衡,推杆稳定在一个新的位置。输出位移与输入气压信号成比例关系。信号压力越大,阀杆的位移量也越大。阀杆的位移即为执行机构的直线输出的位移,也称行程。行程规格有 10 mm,16 mm,25 mm,40 mm,60 mm,100 mm等。

2.控制机构

控制机构即控制阀,实际上是一个局部阻力可以改变的节流元件,主要由阀芯、阀座和阀体组成。控制阀通过阀杆上部与执行机构相连,下部与阀芯相连。在执行机构的推力作用下,当阀杆移动时,控制机构的阀芯产生位移,改变阀芯和阀座间的流通面积,从而改变被控介质的流量,以克服干扰对系统的影响,达到控制目的。

根据不同的使用要求,控制阀的结构形式很多,主要有以下几种。

（1）直通单座控制阀。

这种阀的阀体内只有一个阀芯与阀座，如图 3-43 所示。其特点是结构简单，泄露量小，易于保证关闭，甚至完全切断；但在压差大的时候，流体对阀芯上、下作用的推力不平衡，这种不平衡力会影响阀芯的移动。

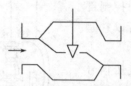 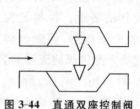

图 3-43　直通单座控制阀　　　　图 3-44　直通双座控制阀

（2）直通双座控制阀。

阀体内有两个阀芯和两个阀座，如图 3-44 所示。这是最常用的一种类型。当流体流动的时候，作用在上、下两个阀芯上的推力方向相反而大小近于相等，可以相互抵消，所以不平衡力小；但是由于加工的限制，上、下两个阀芯、阀座不易保证同时密闭，因此泄露量大。

以上两种阀可分为正作用与反作用式两种形式。当阀杆下移时，阀芯与阀座间的流通面积减少的称为正作用式。如果将阀芯倒装，则当阀杆下移时，阀芯与阀座间流通面积增大，称为反作用式。

（3）角形控制阀。

角形控制阀的两个接管呈直角形，流向一般是底进侧出，如图 3-45 所示。这种阀流路简单、阻力较小，适于现场管道要求直角连接，介质为高黏度、高压差、含有少量悬浮物和固体颗粒状的情况。

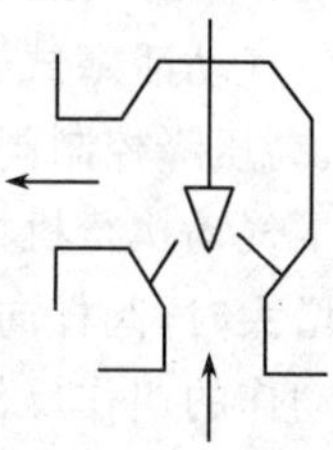

图 3-45　角形控制阀

（4）三通控制阀。

三通控制阀共有三个出入口与工艺管道连接。其流通方式分为合流型和分流型两种，如图 3-46 所示。这种阀可以代替两个直通阀，适用于配比控制与旁路控制。

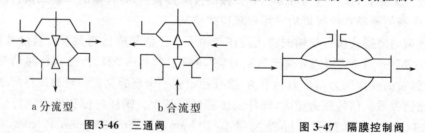

a 分流型　　　　　　b 合流型
图 3-46　三通阀　　　　　　　　图 3-47　隔膜控制阀

（5）隔膜控制阀。

隔膜控制阀采用耐腐蚀衬里的阀体和隔膜，如图 3-47 所示。该阀结构简单、流阻小、流通能力比同口径的其他种类的阀要大。由于用隔膜与外界隔离，故无填料，介质不易泄漏。它耐腐蚀性强，适用于强酸、强碱、强腐蚀性介质的控制，也能用于高黏度及悬浮颗粒状介质的控制。

（6）蝶阀。

蝶阀又名翻板阀，如图 3-48 所示。通过杠杆带动挡板轴使挡板偏转，改变流通面积。蝶阀结构简单、重量轻、价格便宜、流

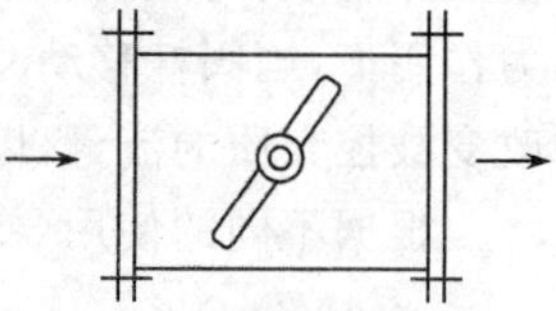

图 3-48　蝶阀

阻极小,但泄露量大,适用于口径较大、大流量、低压差的场合,也可以用于含少量悬浮颗粒介质的调节。

(7)球阀。

球阀的阀芯与阀体都呈球形,转动阀芯使之与阀体处于不同的相对位置时,就具有不同的流通面积,以达到流量控制的目的,如图3-49所示。球阀阀芯有 V 形和 O 形两种开口形式,分别如图3-50a 和 b 所示。O 形阀常用于位式控制。V 形缺口起节流和剪切作用,适用于高黏度和污秽介质的控制。

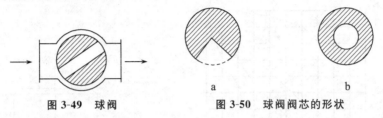

图 3-49　球阀　　　　　　　图 3-50　球阀阀芯的形状

(8)凸轮挠曲阀。

凸轮挠曲阀通常也叫作偏心旋转阀。它的扇形球面状阀芯与挠曲臂及轴套一起铸成,固定在转动轴上,如图3-51所示。凸轮挠曲阀的挠曲臂在压力的作用下能产生挠曲变形,使阀芯球面与阀座密封圈紧密接触,密封性好。同时,它的重量轻、体积小、安装方便,适用于高黏度或带有悬浮物的介质流量调节。

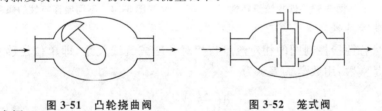

图 3-51　凸轮挠曲阀　　　　　　　图 3-52　笼式阀

(9)笼式阀。

笼式阀又名套筒型调节阀,它的阀体与一般的直通单座阀相似,如图3-52所示。笼式阀内有一个圆柱形套筒(笼子)。套筒壁上有一个或几个不同形状的孔(窗口),利用套筒导向,阀芯在套筒内上下移动;由于这种移动改变了笼子的节流孔面积,就形成了各种特性并实现流量调节。笼式阀的可调比大、振动小、不平衡力小、结构简单、套筒互换性好,更换不同的套筒(窗口形状不同)即可得到不同的流量特性,阀内部件所受的气蚀小、噪音小,是一种性能优良的阀,特别适用于要求低噪音及压差较大的场合,但不适于高温、高黏度及含有固体颗粒的流体。

二、控制阀的流量特性

控制阀的流量特性是指被控介质流过阀门的相对流量与阀门的相对开度(相对位移)间的关系,其公式为

$$\frac{Q}{Q_{\max}} = f\left(\frac{l}{L}\right) \tag{3-46}$$

式中,相对流量 $Q/Q_{\max}$ 是调节阀某一开度时流量 Q 与全开时 $Q_{\max}$ 之比;相对开度 l/L 是调节阀某一开度行程 l 与全开行程 L 之比。

一般来说,改变控制阀阀芯与阀座间的流动面积,就可控制流量;但实际上还要考虑其他因素,如在节流面积改变的同时还发生阀前后压差的变化,而这又将引起流量的变化。为便于分析研究,假定阀前后压差固定,然后再引申到实际情况,于是便有了理想流量特性和工作流量特性。

(一)理想流量特性

在不考虑控制阀前后压差变化时得到的流量特性称为理想流量特性,主要有快开形、直线形、抛物线形和等百分比曲线形几种(图 3-53)。它取决于阀芯的形状(图 3-54)。

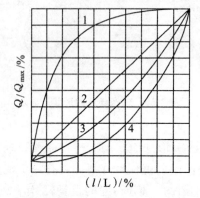

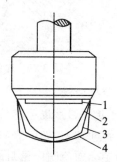

1—快开;2—直线;3—抛物线;4—等百分比曲线　　　1—快开;2—直线;3—抛物线;4—等百分比曲线

图 3-53　理想流量特性　　　　　　　　**图 3-54　不同流量特性的阀芯形状**

1. 直线流量特性

直线流量特性指控制阀的相对流量与相对开度成直线关系,即单位位移变化所引起的流量变化是常数,用数学式表示为

$$\frac{d\left(\dfrac{Q}{Q_{max}}\right)}{d\left(\dfrac{l}{L}\right)}=K \qquad (3-47)$$

式中,K 为常数,即调节阀的放大系数。

将式(3-47)积分可得

$$\frac{Q}{Q_{max}}=K\frac{l}{l_{max}}+C \qquad (3-48)$$

式中,C 为积分常数。

边界条件为:$l=0$ 时 $Q=Q_{min}$(Q_{min} 为控制阀能控制的最小流量);$l=L$ 时 $Q=Q_{max}$。把边界条件代入式(3-48),可分别得

$$C=\frac{Q_{min}}{Q_{max}}=\frac{1}{R} \qquad K=1-C=1-\frac{1}{R} \qquad (3-49)$$

式中,R 为控制阀所能控制的最大流量 Q_{max} 与最小流量 Q_{min} 的比值,称为控制阀的可调范围或可调比。

注意:Q_{min} 并不等于控制阀全关时的泄漏量,一般它是 Q_{max} 的 $2\%\sim4\%$。国产控制阀理想可调范围 R 为 30(这是对于直通单座、直通双座、角形阀和阀体分离阀而言的。隔膜阀的可调范围为 10)。

将式(3-49)代入式(3-48),可得

$$\frac{Q}{Q_{max}} = \frac{1}{R}\left[1 + (R-1)\frac{l}{L}\right] \tag{3-50}$$

式(3-50)表明 $\dfrac{Q}{Q_{max}}$ 与 $\dfrac{l}{L}$ 之间呈线性关系,在直角坐标上是一条直线(图 3-53 中直线 2)。注意:当可调比不同时,特性曲线在纵坐标上的起点是不同的。当 $R=30$, $\dfrac{l}{L}=0$ 时, $\dfrac{Q}{Q_{max}}=0.33$。为便于分析和计算,假设 $R=\infty$,即特性曲线以坐标原点为起点,这时当位移变化 10% 所引起的流量变化总是 10%。但流量变化的相对值是不同的,以行程的 10%、50% 及 80% 三点为例,若位移变化量都为 10%,则

在 10% 时,流量变化的相对值为 $\dfrac{20-10}{10} \times 100\% = 100$;

在 50% 时,流量变化的相对值为 $\dfrac{60-50}{50} \times 100\% = 20$;

在 80% 时,流量变化的相对值为 $\dfrac{90-80}{80} \times 100\% = 12.5$。

可见,在流量小时,流量变化的相对值大;在流量大时,流量变化的相对值小。也就是说,当阀门在开度小时控制作用太强;而在大开度时控制作用太弱,这是不利于控制系统正常运行的。从控制系统来讲,当系统处于小负荷时(原始流量较小),要克服外界干扰的影响,希望控制阀动作所引起的流量变化量不要太大,以免控制作用太强产生超调甚至发生振荡;当系统处于大负荷时,要克服外界干扰的影响,希望控制阀动作所引起的流量变化量要大一些,以免控制作用微弱而使控制不够灵敏。而直线流量特性不能满足以上要求。

2. 等百分比流量特性

等百分比流量特性是指单位相对行程变化所引起的相对流量变化与此点的相对流量成正比关系,即控制阀的放大系数随相对流量的增大而增大。用数学式表示为

$$\frac{\mathrm{d}\left(\dfrac{Q}{Q_{max}}\right)}{\mathrm{d}\left(\dfrac{l}{L}\right)} = K\frac{Q}{Q_{max}} \tag{3-51}$$

将式(3-51)积分得

$$\ln\frac{Q}{Q_{max}} = K\frac{l}{L} + C \tag{3-52}$$

将前述边界条件代入,可得 $C = \ln\dfrac{Q_{min}}{Q_{max}} = \ln\dfrac{1}{R} = -\ln R$, $K = \ln R$,最后得

$$\frac{Q}{Q_{max}} = R^{\frac{l}{L}-1} \tag{3-53}$$

相对开度与相对流量成对数关系。曲线斜率即放大系数随行程的增大而增大。在同样的行程变化值下,流量小时,流量变化小,控制平稳缓和;流量大时,流量变化大,控制灵敏有效。

3.抛物线流量特性

$\dfrac{Q}{Q_{max}}$ 与 $\dfrac{l}{L}$ 之间成抛物线关系,在直角坐标上为一条抛物线,它介于直线及对数曲线之间,其数学表达式为

$$\frac{Q}{Q_{max}} = \frac{1}{R}\left[1 + (\sqrt{R} - 1)\frac{l}{L}\right]^2 \tag{3-54}$$

4.快开特性

这种流量特性在开度较小时就有较大流量,随开度的增大,流量很快就达到最大。快开特性的阀芯形式是平板形的,适用于迅速启闭的切断阀或双位控制系统。

(二)控制阀的工作流量特性

在实际生产中,控制阀前后压差总是变化的,这时的流量特性称为工作流量特性。

1.串联管道的工作流量特性

以图 3-55 所示的串联系统为例来讨论,系统总压差 Δp 等于管路系统(除控制阀外的全部设备和管道的各局部阻力之和)的压差 Δp_2 与控制阀的压差 Δp_1 之和(图 3-56)。

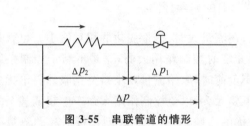

图 3-55　串联管道的情形　　　图 3-56　管道串联时控制阀压差变化情况

以 s 表示控制阀全开时阀上压差与系统总压差(即系统中最大流量时动力损失总和)之比。以 Q_{max} 表示管道阻力等于零时控制阀的全开流量,此时阀上压差为系统总压差。于是可得串联管道以 Q_{max} 作参比值的工作流量特性,如图 3-57 所示。

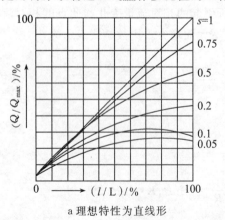
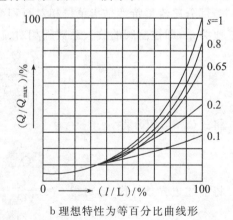

a 理想特性为直线形　　　　　　　b 理想特性为等百分比曲线形

图 3-57　管道串联时控制阀的工作特性

图 3-57 中 $s=1$ 时,管道阻力损失为零,系统总压差全降在阀上,工作特性与理想特性一致。随着 s 值的减小,直线特性渐渐趋近于快开特性,等百分比特性渐渐接近于直线特性。所以,在实际使用中,一般希望 s 值不低于 $0.3\sim0.5$。

在现场使用中,如控制阀选得过大或生产处于低负荷状态,控制阀将工作在小开度。有时,为了使控制阀有一定的开度而把工艺阀门关小些以增加管道阻力,使流过控制阀的流量降低,这样,s 值下降,使流量特性畸变,控制质量恶化。

2.并联管道的工作流量特性

控制阀一般都装有旁路,以便手动操作和维护。当生产量提高或控制阀选小了时,只好将旁路阀打开一些,此时控制阀的理想流量特性就改变成为工作特性。

图 3-58 表示并联管道时的情况。显然这时管路的总流量 Q 是控制阀流量 Q_1 与旁路流量 Q_2 之和,即 $Q=Q_1+Q_2$。

若以 x 代表并联管道时控制阀全开时的流量 Q_{1max} 与总管最大流量 Q_{max} 之比,可以得到在压差 Δp 为一定时,而 x 为不同数值时的工作流量特性曲线。图 3-59 中纵坐标流量以总管最大流量 Q_{max} 为参比值。

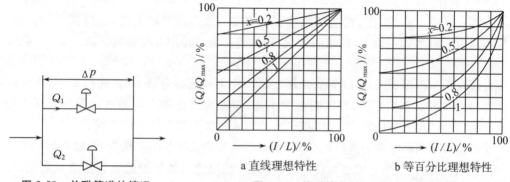

图 3-58 并联管道的情况　　图 3-59 并联管道时控制阀的工作特性

由图 3-59 可见,当 $x=1$,即旁路阀关闭、$Q_2=0$ 时,控制阀的工作流量特性与它的理想流量特性相同。随着 x 值的减小,即旁路阀逐渐打开,虽然阀本身的流量特性变化不大,但可调范围大大减小了。将控制阀关死,即 $l/L=0$ 时,流量 Q_{min} 比控制阀本身的 Q_{1min} 大得多。

在实际使用中,总存在着串联管道阻力的影响,控制阀上的压差还会随流量的增加而降低,使可调范围减小得更多些,控制阀在工作过程中所能控制的流量变化范围更小,甚至几乎不起控制作用。所以采用打开旁路阀的控制方案是不好的,一般认为旁路流量最多只能是总流量的百分之十几,即 x 的最小值不低于 0.8。

综上所述,串、并联管道的情况,可得如下结论。

①串、并联管道都会使阀的理想流量特性发生畸变,串联管道的影响尤为严重。

②串、并联管道都会使控制阀的可调范围降低,并联管道尤为严重。

③串联管道使系统总流量减少,并联管道使系统总流量增加。

④串、并联管道会使控制阀的放大系数减小,串联管道时控制阀大开度时影响严重,并联管道时控制阀小开度时影响严重。

(三)气动控制阀的选择

选用气动控制阀时,一般要根据被控介质的特点(温度、压力、腐蚀性、黏度等)、控制要求、安装地点等因素,参考各种控制阀的特点合理选用。具体来说,一般应考虑下面几个方面的问题。

1. 控制阀结构与特性的选择

控制阀的结构形式主要根据工艺条件，如温度、压力及介质的物理、化学特性（如腐蚀性、黏度等）来选择，如强腐蚀性介质可采用隔膜阀、高温介质可选用带翅形散热片的结构形式。

控制阀的结构形式确定以后，应确定控制阀的流量特性。目前使用比较多的是等百分比流量特性。

2. 气开式与气关式的选择

气动执行器作用方式通过执行机构正反作用和阀门的正反作用组合形成。组合形式有四种，即正正（气关型）、正反（气开型）、反正（气开型）、反反（气关型），通过这四种组合形成的调节阀，其作用方式有气开式和气关式两种，如图 3-60 所示。

（1）气开式。

当输入气压小于 20 kPa 时为关闭状态。当输入气压信号增大时，阀门开大，当气压信号达到 100 kPa，阀门全开，所以叫作气开阀，定义为正作用方向的执行器。

（2）气关式。

当输入气压小于 20 kPa 时为全开状态。当输入气压信号增大时，阀门关小，当气压信号达到 100 kPa，阀门全关，所以叫作气关阀，定义为反作用方向的执行器。气开式和气关式阀门的结构大体相同，只是气压信号的输入位置和阀芯的方向不同。

控制阀以上两种形式的选择，主要考虑在不同工艺条件下的安全生产，即在信号中断时，阀门能自动归位到工艺安全的位置上。例如，控制进入加热炉的燃料油的控制阀，为了保证炉管不被烧坏，一般选用气开阀，一旦供气中断（事故状态，控制信号也中断），阀就处于关闭状态，停止燃料的供应，从而达到安全的目的。

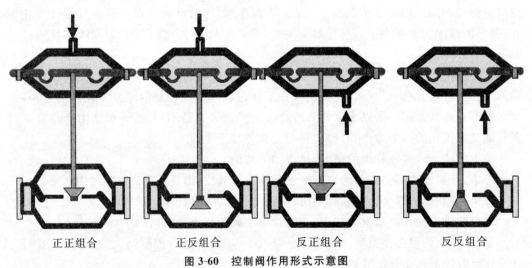

正正组合　　　正反组合　　　反正组合　　　反反组合

图 3-60　控制阀作用形式示意图

任务 3.5 分析液位控制系统

[任务描述]

· 物位检测仪表的认识与选用；
· 液位控制系统的设计分析。

[任务目标]

了解物位检测仪表的结构,理解常用物位检测仪表的测量原理,掌握差压变送器测量液位时零点迁移的处理方法,掌握常用物位仪表的选择与安装方法,掌握液位控制系统的基本设计方法。

[相关知识]

一、简单控制系统的结构与组成

简单控制系统通常是指由一个测量元件及变送器、一个控制器、一个执行器和一个对象所构成的单闭环控制系统。

图 3-61 的液位控制系统就是一个简单控制系统。图 3-62 是简单控制系统的典型方框图。从图 3-62 可知,简单控制系统由四个基本环节组成,即被控对象、测量变送装置、控制器和执行器。

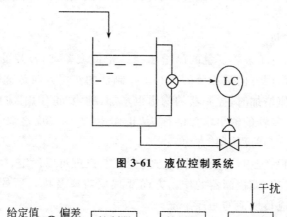

图 3-61 液位控制系统

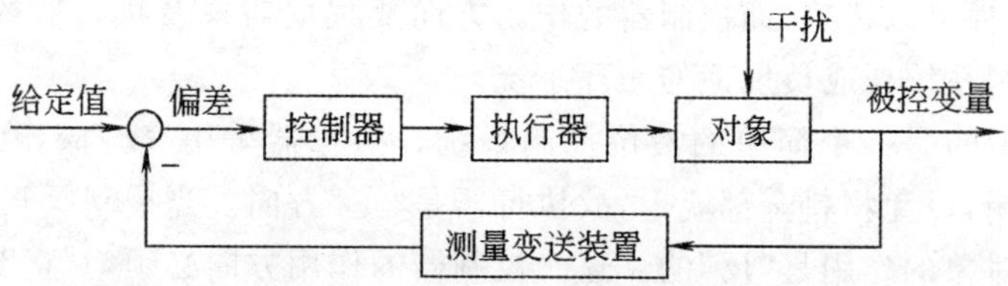

图 3-62 简单控制系统的方块图

简单控制系统的结构简单,所需要的自动化装置数量少、投资低、操作维护也比较方便,而且在一般情况下,都能满足控制质量的要求。因此,这种控制系统在工业生产过程中得到了广泛应用。

前面已经介绍了组成简单控制系统的测量元件变送器、控制器和执行器,下面将以液位控制系统的设计为例,介绍被控变量及操纵变量的选择、控制器控制规律的选择及控制器参数的工程整定等。

二、简单控制系统中控制器正、反作用方向的确定

简单控制系统是负反馈的闭环控制系统,即如果被控变量值升高,控制作用则应该使之降低,反之亦然。

"负反馈"的实现,完全取决于构成控制系统各个环节的作用方向。也就是说,控制系统中的被控对象、变送器、控制器和执行器都有正、反作用方向,均可用"+"和"−"号来表示。当某个环节的输入增加时,其输出也增加,则称该环节为"正作用"方向,用"+"号来表示;当某个环节的输入增加时,输出减少的称为"反作用"方向,用"−"号来表示。为使控制系统构成负反馈,四个环节的作用方向的乘积应为"−"。

(一)被控对象的作用方向

如果控制阀开大时,操纵变量增加,被控变量也增加,则对象为"+";反之,如果控制阀开大时,操纵变量增加,被控变量减小,则对象为"−"。

(二)测量元件变送器的作用方向

一般来说,变送器的作用方向只有一个选择,为"+"。

(三)执行器的作用方向

对于执行器,它的作用方向取决于是气开阀还是气关阀。当控制器输出信号(执行器输入信号)增加时,气开阀的开度增加,因而流过阀的流体流量也增加,故气开阀是"正"方向;反之,当气关阀接收的信号增加时,流过阀的流体流量反而减少,所以是"反"方向,即气开阀为"+"、气关阀为"−"。

(四)控制器的作用方向

由于控制器的输出取决于被控变量的测量值与给定值之差,当被控变量的测量值与给定值变化时,对输出的作用方向是相反的。对于控制器的作用方向是这样规定的:当给定值不变、被控变量测量值增加时,控制器的输出也增加,称为"正作用"方向;或者当测量值不变、给定值减小时,控制器的输出增加的称为"正作用"方向。反之,如果测量值增加时,控制器的输出减小的称为"反作用"方向。

在一个安装好的控制系统中,对象的作用方向由工艺机理可以确定,执行器的作用方向由工艺安全条件可以选定,而控制器的作用方向要根据对象及执行器的作用方向来确定,以使整个控制系统构成负反馈的闭环系统。

图 3-61 所示的是一个简单的液位控制系统。执行器采用气开阀,在一旦停止供气时,阀门自动关闭,以免物料全部流走,故执行器是"正"方向。当控制阀开度增加时,液位是下降的,所以对象的作用是"反"的。这时控制器的作用方向必须为"正",才能使当液位升高时,控制器输出增加,从而使液位降下来。

三、控制器控制规律的选择

构成负反馈的控制系统,只是可能实现稳定控制的第一步,控制器的不同控制规律适

应的对象不同。如果控制器的控制规律选择不当,不但会增加投资、无法满足工艺生产的要求,而且可能造成生产事故,因此应结合具体过程,根据生产工艺指标的要求及控制系统几个环节的特性选择合适的控制规律。选择原则大致如下。

(一)比例控制

它是最基本的控制规律。当负荷变化时,克服扰动能力强,控制作用及时,过渡过程时间短,但过渡终了时存在余差,且负荷变化越大余差也越大。比例控制适用于控制通道滞后较小、时间常数不太大、扰动幅度较小、负荷变化不大、控制质量要求不高、允许有余差的场合,如储罐液位、塔釜液位的控制和不太重要的蒸汽压力的控制。

(二)比例积分控制

引入积分作用能消除余差,故比例积分控制是使用最多的控制规律。但是,加入积分作用后要保持系统原有的稳定性,必须加大比例度(削弱比例作用),从而造成控制质量有所下降,如最大偏差和振荡周期相应增大,过渡时间加长。对于控制通道滞后小、负荷变化不太大、工艺上不允许有余差的场合,如流量或压力的控制,采用比例积分控制规律可获得较好的控制质量。

(三)比例积分微分控制

微分作用对于克服容量滞后有显著效果,但对克服纯滞后却无能为力。在比例作用的基础上加上微分作用能提高系统的稳定性,加上积分作用能消除余差,又有 δ、T_1、T_D 三个可以调整的参数,因而可以使系统获得较高的控制质量。它适用于容量滞后大、负荷变化大、控制质量要求高的场合,如反应器、聚合釜的温度控制。

四、控制器参数的工程整定

当控制系统构成负反馈,并且选择了合适的控制规律,那么控制系统的品质主要决定于控制器参数的整定值。所谓控制器参数的整定值,就是按照已订的控制方案求取使控制质量最好的控制器参数值。具体地说,就是确定最合适的控制器比例度 δ、积分时间 T_1 和微分时间 T_D。当然,这里所谓最好的控制质量不是绝对的,是根据工艺生产的要求而提出的所期望的控制质量。对于单回路的简单控制系统,一般希望过渡过程呈 4∶1(或10∶1)的衰减振荡过程。

控制器参数整定的方法很多,主要有两大类:一类是理论计算的方法,另一类是工程整定法。

理论计算的方法是根据已知的对象特性及控制质量的要求,通过理论计算出控制器最佳参数。由于这种方法比较烦琐、工作量大,计算结果有时与实际情况不甚符合,故在工程实践中长期没有得到推广和应用。

工程整定法是在已经投运的实际控制系统中,通过试验来确定控制器的最佳参数。这种方法是工艺技术人员在现场经常使用的。下面介绍几种常用的工程整定法。

(一)临界比例度法

这是目前使用较多的一种方法。它是先通过试验得到临界比例度 δ_k 和临界周期

T_k，然后根据经验总结出来的关系求出控制器各参数值，具体做法如下。

在闭环的控制系统中，先将控制器设为纯比例作用，即将 T_i 放大到"∞"位置上，T_D 放在"0"位置上，在干扰作用下，从大到小逐渐改变控制器的比例度，直至系统产生等幅振荡（即临界振荡），如图 3-63 所示。这时的比例度称为临界比例度 δ_k，周期为临界振荡周期 T_k，然后按表 3-1 中的经验公式计算出控制器各参数整定数值。

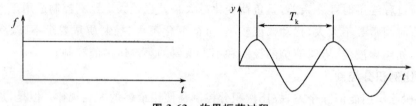

图 3-63　临界振荡过程

表 3-1　临界比例度法参数计算公式表

控制作用	比例度/%	积分时间 T_I/min	微分时间 T_D/min
比例	$2\delta_k$		
比例＋积分	$2.2\delta_k$	$0.85T_k$	
比例＋微分	$1.8\delta_k$		$0.1T_k$
比例＋积分＋微分	$1.7\delta_k$	$0.5T_k$	$0.125T_k$

临界比例度法比较简单方便，容易掌握和判断，适用于一般的控制系统，但对于临界比例度很小的系统不适用。这是因为临界比例度很小，则控制器输出的变化一定很大，被控变量容易超出允许范围，影响生产的正常运行。

临界比例度法是使系统达到等幅振荡后，才能找出 δ_k 和 T_k。对于工艺上不允许产生等幅振荡的系统，本方法亦不适用。

（二）衰减曲线法

衰减曲线法是通过使系统产生衰减振荡来整定控制器的参数值的，具体做法如下。

在闭环的控制系统中，先将控制器变为纯比例作用，并将比例度预置在较大的数值上。在达到稳定后，用改变给定值的办法加入阶跃干扰，观察被控变量记录曲线的衰减比，然后从大到小改变比例度，直至出现 4∶1 衰减比为止，如图 3-64a 所示。此时的比例度用 δ_s 表示，衰减周期用 T_s 表示，再根据表 3-2 中的经验公式可以得到控制器的参数整定值。

如果采用 4∶1 衰减曲线法，振荡仍过强，可采用 10∶1 衰减曲线法，方法同上，得到 10∶1 衰减曲线，如图 3-64b 所示。此时的比例度用 $\delta_{s'}$ 表示，衰减周期用 $T_{升}$ 表示，再根据表 3-3 中的经验公式可以得到控制器的参数整定值。

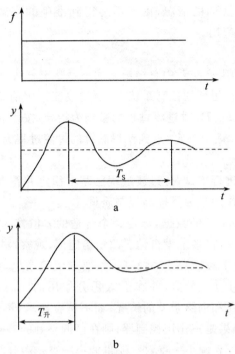

图 3-64　4 : 1 和 10 : 1 衰减振荡过程

表 3-2　4 : 1 衰减曲线法控制器参数计算表

控制作用	$\delta / \%$	T_I/min	T_D/min
比例	δ_s		
比例＋积分	$1.2\delta_s$	$0.5T_S$	
比例＋积分＋微分	$0.8\delta_s$	$0.3T_S$	$0.1T_S$

表 3-3　10 : 1 衰减曲线法控制器参数计算表

控制作用	$\delta / \%$	T_I/min	T_D/min
比例	$\delta_{s'}$		
比例＋积分	$1.2\delta_{s'}$	$2T_升$	
比例＋积分＋微分	$0.8\delta_{s'}$	$1.2T_升$	$0.4T_升$

采用衰减曲线法必须注意以下几点。

(1)加的干扰幅值不能太大,要根据生产操作要求来定,一般为额定值的 5% 左右,也有例外的情况。

(2)必须在工艺参数稳定的情况下才能施加干扰,否则得不到正确的 δ_s、T_s 或 $\delta_{s'}$ 和 $T_升$ 值。

(3)对于反应快的系统,如流量、管道压力和小容量的液位控制等,要在记录曲线上严格得到 4 : 1 衰减曲线比较困难;一般以被控变量来回波动两次达到稳定,就可以近似地认为达到 4 : 1 衰减过程了。

衰减曲线法比较简便,适用于一般情况下各种参数的控制系统,但对于干扰频繁、记录曲线不规则、不断有小摆动的情况，由于不易得到准确的衰减比例度 δ_s 和衰减周期 T_S，使得这种方法难于被应用。

(三)经验凑试法

经验凑试法是长期的生产实践中总结出来的一种整定方法。根据经验先将控制器参数放在一个数值上，直接在闭环的控制系统中，通过改变给定值施加干扰，在记录仪上观察过渡过程曲线，运用 δ、T_I、T_D 对过渡过程的影响为指导，按照规定顺序，对比例度 δ、积分时间 T_I 和微分时间 T_D 逐个整定，直到获得满意的过渡过程为止。

整定的步骤如下。

(1)先用纯比例作用进行凑试，待过渡过程已基本稳定并符合要求后，再加积分作用消除余差，最后加入微分作用是为了提高控制质量。

根据经验并参考表 3-4 中的数据，选定一个合适的 δ 值作为起始值，把积分时间 T_I 放在"∞"上，T_D 放在"0"上，将系统设自动。改变给定值，观察被控变量记录曲线形状，调节 δ 的大小，使曲线呈 4：1 衰减；δ 调整好后，如要求消除余差，则要引入积分作用。一般积分时间先取衰减周期的一半值，并在引入积分作用的同时，将比例度增加 $10\%\sim20\%$，看记录曲线的衰减比和消除余差的情况；如不符合要求，再适当改变 δ 和 T_I 值，直到记录曲线满足要求。如果是三作用控制器，则在已调整好的基础上再引入微分作用，而在引入微分作用后，允许把 δ 调小一点，把 T_I 也调小一点。微分时间 T_D 也要在表 3-4 给出的范围内凑试，以使过渡过程时间短，超调量小，控制质量满足要求。

表 3-4 控制器参数的经验数据表

控制对象	对象特征	$\delta/\%$	T_I/min	T_D/min
流量	对象时间常数小，参数有波动，δ 要大；T_I 要短；不用微分	40～100	0.3～1	
控制对象	对象特征	$\delta/\%$	T_I/min	T_D/min
温度	对象容量滞后较大，即参数受干扰后变化迟缓；δ 应小；T_I 要长；一般需要加微分	20～60	3～10	0.5～3
压力	对象的容量滞后一般，不算大，一般不加微分	30～70	0.4～3	
液位	对象时间常数范围较大。要求不高时，δ 可在一定范围内选取，一般不用微分	20～80		

经验凑试法的关键是"看曲线，调参数"，因此必须弄清楚控制器参数变化对过渡过程曲线的影响关系。一般来说，在整定中，观察到曲线振荡很频繁，须把比例度增大以减少振荡；当曲线最大偏差大且趋于非周期过程时，应把比例度减小。当曲线波动较大时，应增大积分时间；而在曲线偏离给定值后，长时间回不来，则须减小积分时间，以加快消除余差的过程。如果曲线振荡得厉害，须把微分时间减到最小，或者暂时不加微分作用，以免

加剧振荡;在曲线最大偏差大而衰减缓慢时,须增加微分时间。经过反复凑试,一直调到过渡过程振荡两个周期后基本达到稳定,品质指标达到工艺要求为止。

在一般情况下,比例度过小、积分时间过小或微分时间过大,都会产生周期性的激烈振荡。但是,积分时间过小引起的振荡,周期较长;比例度过小引起的振荡,周期较短;微分时间过大引起的振荡周期最短。如图 3-65 所示,曲线 a 的振荡是由于积分时间过短引起的,曲线 b 是由于比例度过小引起的,曲线 c 的振荡则是由于微分时间过大引起的。

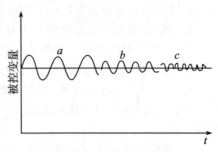

图 3-65　三种振荡曲线比较图

如果比例度过大或积分过大,则会使过渡过程变化缓慢,如何判别这两种情况呢? 一般来说,比例度过大,曲线波动较剧烈、不规则地较大地偏离给定值,而且形状像波浪般的起伏变化,如图 3-66 曲线 a 所示。如果曲线通过非周期的不正常路径,慢慢回到给定值,则说明积分时间过大,如图 3-66 曲线 b 所示。

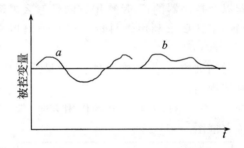

图 3-66　比例度过大、积分时间过长时两种曲线比较图

(2)经验凑试法还可以按下列步骤进行:先按表 3-4 中给出的范围把 T_I 定下来;如要引入微分作用,可取 $T_D = (1/3 \sim 1/4) T_I$,然后对 δ 进行凑试,凑试步骤与前一种方法相同。

经验凑试法的特点是方法简单,适用于各种控制系统;特别是外界干扰作用频繁、记录曲线不规则的控制系统,采用此法最为合适。此法主要是靠经验,在缺乏实际经验或过渡过程本身较慢时,往往较为费时。

思考题

1.什么是被控对象特性? 什么是被控对象的数学模型?

2.什么是控制通道? 什么是干扰通道? 在反馈控制系统中它们是怎样影响被控变量的?

3.简述建立对象数学模型的主要方法。

4.为什么说放大系数 K 是对象的静态特性,而时间常数 T 和滞后时间 τ 是对象的动态特性?

5.对象的纯滞后和容量滞后各是什么原因造成的? 对控制过程有什么影响?

6.试述物位计的分类及其工作原理。

7.在液位测量中,如何判断"正迁移"和"负迁移"?

8.双位控制规律是怎样的?它有何优缺点?

9.比例控制规律是怎样的?它有何优缺点?

10.积分控制规律是怎样的?它有何优缺点?

11.微分控制规律是怎样的?它有何优缺点?

12.一台DDZ-Ⅲ型温度比例控制器,测温范围为200～1200 ℃。当温度给定值由800 ℃变动到850 ℃时,其输出由12 mA变化到16 mA。试求该控制器的比例度及放大系数。

13.气动执行器主要由哪两部分组成?它们各起什么作用?

14.气动执行机构主要有哪几种结构形式?它们各有什么特点?

15.何谓正作用执行器?何谓反作用执行器?

16.控制阀的流量特性是指什么?

17.什么叫气动执行器的气开式与气关式?其选择原则是什么?

18.控制器整定的任务是什么?常用整定方法有哪几种?

19.被控对象、执行器以及控制器的正、反作用方向是怎么规定的?

20.下图为加热炉装置,工艺要求利用燃料量来控制炉出口介质温度 t (简单控制系统)。

①指出构成控制系统时的被控变量、控制变量、干扰量分别是什么。

②在下图中画出控制流程图。

③选择执行器的气开、气关类型以及控制器的作用方向。

④画出简单控制系统方框图。

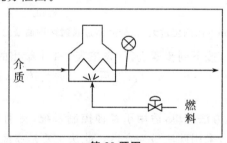

第 20 题图

21.下图所示的是贮槽液位控制系统,为安全起见,贮槽内液体严格禁止溢出。试确定执行器的气开气关形式。

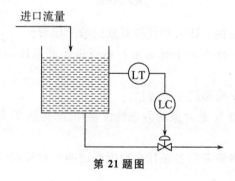

第 21 题图

项目 4 设计流量自动控制系统

［项目内容］

- 选用流量测量仪表；
- 设计流量控制系统。

［项目知识目标］

- 了解流量检测仪表的结构；
- 理解常用流量检测仪表的测量原理；
- 掌握节流现象在流量测量中的应用；
- 掌握常用流量仪表的选择与安装方法；
- 掌握流量控制系统的基本设计方法。

［项目能力目标］

- 能选择合适的流量仪表进行流量的测量；
- 能初步确定一个合适的简单控制系统中流量的控制方案；
- 能正确使用流量检测仪表和控制仪表进行流量控制。

任务 4.1 选用流量测量仪表

［任务描述］

在化工生产中，经常需要测量生产过程中各种介质的流量，以便为生产操作、管理、控制提供依据。同时，为了进行经济核算，也需要知道在一段时间内流过的介质总量。所以，流量测量是化工生产过程中的重要环节之一。本次任务学习流量检测仪表的结构、流量检测仪表的测量原理和流量仪表的选择与安装方法。

［任务目标］

了解流量检测仪表的结构，理解常用流量检测仪表的测量原理，掌握节流现象在流量测量中的应用，掌握常用流量仪表的选择和安装方法，能正确使用流量检测仪表进行流量测量。

[相关知识]

一、基本概念

涡轮流量计
整体浏览

涡轮流量计
外观展示

介质流量是控制生产过程达到优质高产和安全生产以及进行经济核算所必需的一个重要参数。

一般所讲的流量大小是指单位时间内流过管道某一截面的流体的数量的大小,即瞬时流量。而在某一段时间内流过管道的流体流量的总和,即瞬时流量在某一段时间内的累计值,称为总量。

流量和总量,可以用质量表示,也可以用体积表示。单位时间内流过的流体以质量表示的称为质量流量,常用符号 q_m 表示;以体积表示的称为体积流量,常用符号 q_v 表示。

$$q_m = \rho q_v \tag{4-1}$$

测量流量的方法很多,其测量原理和所应用的仪表结构各不相同。

1. 速度式流量计

这是一种以测量流体在管道内的流速作为测量依据来计算流量的仪表,如差压式流量计、转子流量计、电磁流量计、涡轮流量计等。

2. 容积式流量计

涡轮流量计
结构展示

这是一种以单位时间内所排出的流体的固定容积的数目作为测量依据来计算流量的仪表,如椭圆齿轮流量计。

3. 质量流量计

这是一种以测量流体流过的质量 M 为依据的流量计。质量流量计分直接式和间接式两种。

涡轮流量计
原理展示

二、差压式流量计

差压式(也称节流式)流量计是基于流体流动的节流原理,利用流体流经节流装置时产生的压力差来实现流量测量的。

(一)工作原理

1. 节流现象

流体在有节流装置的管道中流动时,在节流装置前后的管壁处,流体的静压力产生差异的现象称为节流现象。

腰轮流量计
外观展示

节流装置就是在管道中放置的一个局部收缩元件,应用最广泛的是孔板,其次是喷嘴、文丘里管。下面以孔板为例说明节流现象。

腰轮流量计
结构展示

具有一定能量的流体,才可能在管道中形成流动状态。流动流体的能量有两种形式:静压能和动能。流体由于有压力而具有静压能,又由于流体有流动速度而具有动能,这两种形式的能量在一定的条件下可以相互转化。根据能量守恒定律,流体所具有的静压能和动能,再加上克服流动阻力的能量损失,在没有外加能量的情况下,其总和是不变的。图4-1所示的是在孔板前后流体的速度与压力的分布情况。流体在管道截面Ⅰ前,以

腰轮流量计
原理展示

一定的流速 v_1 流动。此时静压力为 p_1'。在接近节流装置时,由于遇到节流装置的阻挡,使靠近管壁处的流体受到节流装置的阻挡作用最大,因而使一部分动能转换为静压能,节流装置入口端面靠近管壁处的流体静压力升高并且比管道中心处的压力要大,即在节流装置入口端面处产生一径向压差。这一径向压差使流体产生径向附加速度,从而使靠近管壁处的流体质点的流向与管道中心轴线相倾斜,形成了流束的收缩运动。由于惯性作用,流束的最小截面并不在孔板的孔处,而是经过孔板后仍继续收缩,到截面Ⅱ处达到最小。这时流速最大,达到 v_2,随后流束又逐渐扩大,至截面Ⅲ后完全复原,流速便降低至原来的数值,即 $v_3 = v_1$。

由于节流装置造成流束的局部收缩,使流体的流速发生变化,即动能发生变化。与此同时,表征流体静压能的静压力也要变化。在Ⅰ截面,流体具有静压力 p_1'。到达截面Ⅱ,流速增加到最大值,静压力就降低至最小值 p_2',而后又随着流束的恢复而逐渐恢复。由于在孔板端面处,流通截面突然缩小与扩大,使流体形成局部涡流,要消耗一部分能量,同时流体流经孔板时要克服摩擦力,所以流体的静压力不能恢复到原来的数值 p_1' 而产生了压力损失。

节流装置前流体压力较高,称为正压;节流装置后流体压力较低,称为负压(不要与真空混淆)。节流装置前后压差的大小与流量有关。管道中流动的流体流量越大,在节流装置前后产生的压差也越大,只要测出孔板前后两侧压差的大小,即可表示流量的大小,这就是节流装置测量流量的基本原理。

注意:要准确测量出截面Ⅰ、Ⅱ处的压力,有困难,因为产生最低静压力 p_2' 的截面Ⅱ的位置随着流速的不同会改变,所以是在孔板前后的管壁上选择两个固定的取压点来测量流体在节流装置前后的压力变化,由此所测得的压差与流量之间的关系与测压点及测压方式的选择是紧密相关的。

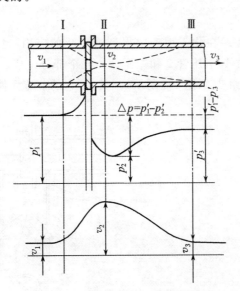

图 4-1 孔板装置及压力、流速分布图

2.节流基本方程式

节流基本方程式是阐明流量与压差之间定量关系的基本流量公式。它是根据流体力学中的伯努利方程和流体连续性方程式推导而得的。

$$Q = \alpha\varepsilon F_0\sqrt{\frac{2}{\rho}\Delta p} \qquad M = \alpha\varepsilon F_0\sqrt{2\rho\Delta p} \qquad (4\text{-}2)$$

式中,α 为流量系数,它与节流装置的结构形式、取压方式、孔口截面积与管道截面积之比、雷诺数、孔口边缘锐度、管壁粗糙度等因素有关;

ε 为膨胀校正系数,它与孔板前后压力的相对变化量、介质的等熵指数、孔口截面积与管道截面积之比等因素有关,应用时可查阅有关手册,对不可压缩的液体来说常取 $\varepsilon = 1$;

F_0 为节流件的开孔面积;

ρ 为节流装置前的流体密度;

Δp 为节流装置前后实际测得的压差。

孔板流量计

文丘里流量计

从流量基本方程式可以看出,要知道流量与压差的确切关系,关键在于 α 的取值。α 是一个受许多因素影响的综合性参数,对于标准节流装置,其值可从有关手册中查出。

从流量基本方程式还可以看出,流量与压力差 Δp 的平方根成正比。

3.标准节流装置

国内外把最常用的节流装置孔板、喷嘴、文丘里管等标准化,称为“标准节流装置”。采用标准节流装置进行设计计算时都有统一标准的规定、要求和计算所需要的通用化实验数据资料。

(二)主要结构

差压式流量计(图 4-2)在化工生产中得到最广泛的应用,也是操作人员最为熟悉的一种流量计,由节流元件 1、引压管 2 和差压计 4 三个部分组成。流量测量仪表一般要在两个引压管上配置三阀组 3(如图 4-3 所示)。其中,它的节流元件 1 要装在生产工艺管道上。

图 4-2　差压式流量计

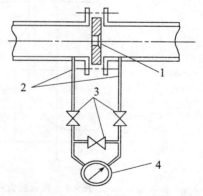

1—节流元件;2—引压管;3—三阀组;4—差压计

图 4-3　差压式流量计结构

(三)实际应用

1. 节流装置的选用

(1)在加工制造和安装方面,以孔板为最简单,喷嘴次之,文丘里管最复杂。造价高低也与此相对应。实际上,在一般场合下,多采用孔板。

(2)当要求压力损失较小时,可采用喷嘴、文丘里管等。

(3)在测量某些易使节流装置腐蚀、沾污、磨损、变形的介质流量时,采用喷嘴比采用孔板效果好。

(4)在流量值与压差值都相同的条件下,使用喷嘴有较高的测量精度,而且所需的直管长度也较短。

(5)如被测介质是高温、高压的,则可选用孔板和喷嘴。文丘里管只适用于低压的流体介质。

2. 节流装置的安装

(1)必须保证节流装置的开孔和管道的轴线同心,并使节流装置端面与管道的轴线垂直。

(2)在节流装置前后长度为两倍于管径($2D$)的一段管道内壁上,不应有凸出物和明显的粗糙或不平现象。

(3)任何局部阻力(如弯管、三通管、闸阀等)均会引起流速在截面上重新分布,引起流量系数变化。所以在节流装置的上、下游必须配置一定长度的直管。

(4)标准节流装置(孔板、喷嘴),一般都用于直径 $D \geqslant 50$ mm 的管道中。

(5)被测介质应充满全部管道并且连续流动。

(6)管道内的流束(流动状态)应该是稳定的。

(7)被测介质在通过节流装置时应不发生相变。

3. 测量误差

在现场实际应用时,往往具有比较大的测量误差,有的甚至高达 $10\% \sim 20\%$。因此,必须引起注意的是不仅需要合理的选型、准确的设计计算和加工制造,更要注意正确的安装、维护和符合使用条件等,这样才能保证差压式流量计有足够的实际测量精度。

下面列举一些造成测量误差的原因。

(1)被测流体工作状态的变动。

如果实际使用时被测流体工作状态(温度、压力、湿度等)及相应的流体黏度、雷诺数等参数数值,与设计计算时有所变动,则会造成原来由差压计算得到的流量值与实际的流量值有较大的误差。为了消除这种误差,必须按新的工艺条件重新进行设计计算,或者将所测的数值加以修正。

(2)节流装置安装不正确。

安装节流装置时,要注意节流装置的安装方向。一般来说,节流装置所标注的"+"号一侧,应当是流体的入口方向。当用孔板作为节流装置时,应使流体从孔板 90 ℃ 锐口的一侧流入。

另外,在使用中,要保持节流装置的清洁,如在节流装置处有沉淀、结焦、堵塞等现象也会引起较大的测量误差,必须及时清洗。

(3)孔板入口边缘的磨损。

节流装置长时间使用,特别是在被测介质夹杂有固体颗粒等情况下,或者由于化学腐蚀,都会造成几何形状和尺寸的变化。比如对于广泛使用的孔板,它的入口边缘的尖锐度会由于冲击、磨损和腐蚀而变钝。这样,在相同数量的流体经过时所产生的差压 Δp 将变小,从而引起仪表指示值偏低,故应注意检查、维修,必要时应换用新的孔板。

(4)导压管安装不正确,或有堵塞、渗漏现象。

导压管要正确安装,防止堵塞与渗漏,否则会引起较大的测量误差。对于不同的被测介质,导压管的安装亦有不同的要求,下面分类讨论。

①测量液体的流量时,应该使两根导压管内都充满同样的液体而无气泡,以使两根导压管内的液体密度相等。

A.取压点应该位于节流装置的下半部,与水平线夹角 α 为 $0 \sim 45°$,如图 4-4 所示(如果从底部引出,液体中夹带的固体杂质会沉积在引压管内,引起堵塞)。

B.引压导管最好垂直向下,如条件不许可,导压管亦应下倾一定坡度(至少 $1:20 \sim 1:10$),使气泡易于排出。

C.在引压导管的管路中,应有排气的装置。如果差压计只能装在节流装置之上时,则需加装贮气罐,如图 4-5 中的贮气罐 6 与放空阀 3。这样,即使有少量气泡,对差压 Δp 的测量仍无影响。

②测量气体流量时,应注意:

A.取压点应在节流装置的上半部。

B.引压导管最好垂直向上,至少亦应向上倾斜一定的坡度,以使引压导管中不滞留液体。

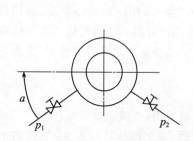

图 4-4　测量液体流量时的取压点位置

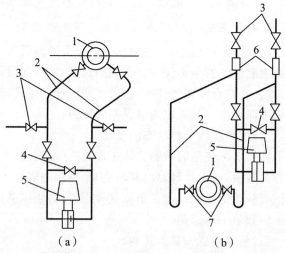

(a)　　　　　　　(b)

1—节流装置;2—引压导管;3—放空阀;4—平衡阀;
5—差压变送器;6—贮气罐;7—切断阀

图 4-5　测量液体流量时的连接图

C.如果差压计必须装在节流装置之下,则需加装贮液罐和排放阀,如图 4-6 所示。

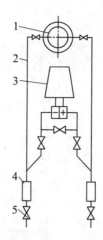

1—节流装置;2—引压导管;3—差压变送器;4—贮液罐;5—排放阀

图 4-6　测量气体流量时的连接图

③测量蒸汽的流量时,取压点应从节流装置的水平位置接出,并分别安装凝液罐,保持和实现上述的基本原则,必须解决蒸汽冷凝液的等液位问题,以消除冷凝液液位的高低对测量精度的影响。常见的接法见图 4-7 所示。

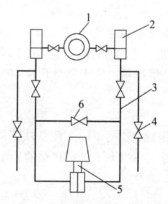

1—节流装置;2—凝液罐;3—引压导管;4—排放阀;5—差压变送器;6—平衡阀

图 4-7　测量蒸汽流量的连接图

(5)差压计安装或使用不正确。

差压计或差压变送器安装或使用不正确也会引起测量误差。

由引压导管接至差压计或变送器前,必须安装切断阀 1、2 和平衡阀 3,如图 4-8 所示。在启用差压计时,应先开平衡阀 3,使正、负压室连通,受压相同,然后再打开切断阀 1、2,最后再关闭平衡阀 3,差压计即可投入运行。差压计需要停用时,应先打开平衡阀 3,然后再关闭切断阀 1、2。

测量腐蚀性(或因易凝固不适宜直接进入差压计)的介质流量时,必须采取隔离措施。常用的两种隔离罐形式如图 4-9 所示。

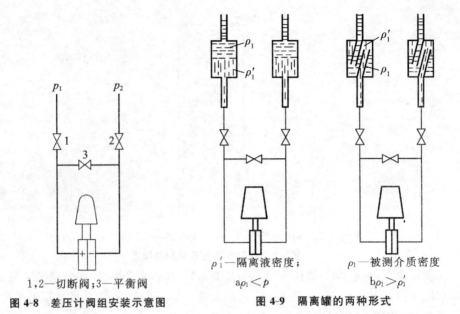

1,2—切断阀；3—平衡阀

图 4-8　差压计阀组安装示意图

ρ_1'—隔离液密度；　　　　ρ_1—被测介质密度

a$\rho_1 < \rho$　　　　　　b$\rho_1 > \rho_1'$

图 4-9　隔离罐的两种形式

三、转子流量计

在工业生产中经常遇到小流量的测量,因其流体的流速低,这就要求测量仪表有较高的灵敏度,才能保证一定的精度。节流装置对管径小于 50 mm、低雷诺数的流体的测量精度是不高的。而转子流量计则特别适宜于测量管径 50 mm 以下的管道的流量,测量的流量可小到每小时几升。

(一)主要结构

转子流量计由两个部件组成(图 4-10):一件是从下向上逐渐扩大的锥形管;另一件是置于锥形管中且可以沿管的中心线上下自由移动的转子。

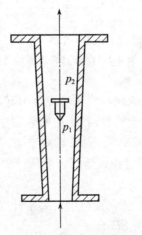

图 4-10　转子流量计的工作原理图

（二）工作原理

当测量流体的流量时，被测流体从转子流量计锥形管下端流入，流体的流动冲击着转子，并对它产生一个作用力，称为差压力；当流量足够大时，所产生的作用力将转子托起，并使之升高。同时，被测流体流经转子与锥形管壁间的环形断面，这时作用在转子上的力有三个：流体对转子的差压力、转子在流体中的浮力和转子自身的重力。流量计垂直安装时，转子重心与锥管管轴会相重合，作用在转子上的三个力都沿平行于管轴的方向。当这三个力达到平衡时，转子就平稳地浮在锥管内某一位置上。对于给定的转子流量计，转子的大小和形状已经确定，因此它在流体中的浮力和自身重力都是已知的常量，唯有流体对浮子的差压力是随来流流速的大小而变化的。因此当来流流速变大或变小时，转子将作向上或向下的移动，相应位置的流动截面积也发生变化，直到流速变成平衡时对应的速度，转子就在新的位置上稳定。对于一台给定的转子流量计，转子在锥管中的位置与流体流经锥管的流量的大小成一一对应关系。

转子流量计中转子的平衡条件是

$$V(\rho_t - \rho_f)g = (p_1 - p_2)A \tag{4-3}$$

式中，V 为转子的体积；

ρ_t 为转子的密度；

ρ_f 为被测流体的密度；

p_1，p_2 分别为转子前后流体的压力；

A 为转子的最大横截面积；

g 为重力加速度。

转子流量计

由式(4-3)可得

$$\Delta p = p_1 - p_2 = \frac{V(\rho_t - \rho_f)g}{A} \tag{4-4}$$

根据转子浮起的高度就可以判断被测介质的流量大小。

$$M = \phi h \sqrt{2\rho_f \Delta p} \tag{4-5}$$

或

$$Q = \phi h \sqrt{\frac{2}{\rho_f} \times \Delta p} \tag{4-6}$$

式中，ϕ 为仪表常数；

h 为转子浮起的高度。

转子流量计采用的是恒压降、变节流面积的流量测量方法。

（三）实际应用

转子流量计是工业上和实验室中最常用的一种流量计。它具有结构简单、直观、压力损失小、维修方便等特点。转子流量计适用于测量通过管道直径 $D < 150$ mm 的小流量，也可以测量腐蚀性介质的流量。使用时流量计必须安装在垂直走向的管段上，流体介质自下而上地通过转子流量计。

四、电磁流量计

在流量测量中，当被测介质是具有导电性的液体介质时，可以应用电磁感应的方法来测量流量。

(一)主要结构

电磁流量计(图 4-11)主要由磁路系统、测量导管、电极、衬里和转换器组成。磁路系统的作用是产生均匀的直流或交流磁场；测量导管是让被测导电性液体通过；电极是引出和被测量成正比的感应电势信号；在测量导管的内侧及法兰密封面上，有一层完整的电绝缘衬里；转换器的任务是把电极检测到的感应电势信号 E_X 经放大转换成统一的标准直流信号。

电磁流量计

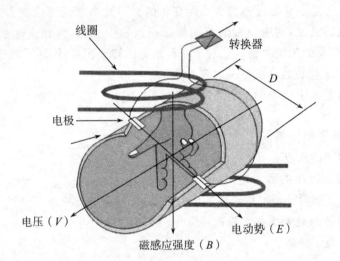

图 4-11　电磁流量计的内部结构图

(二)测量原理

电磁流量计的测量原理是利用法拉第电磁感应定律。在流过溶液的管道两侧有一对磁极(励磁线圈，产生磁场)，另有一对电极安装在与磁力线和管道垂直的平面上。当导电流体以平均速度 v 流过直径为 D 的测量管道时切割磁力线，于是在电极上产生感应电势 E，此感应电势 E 与流体的平均速度 v 成正比。测出此感应电势 E，就能换算出流速 v，也就可以推算出流量。

感应电势的方向由右手定则判断，大小由式(4-8)决定

$$E_X = KBDV \tag{4-7}$$

$$Q = \frac{1}{4}\pi D^2 V \tag{4-8}$$

将式(4-7)带入式(4-8)，可得

$$E_X = \frac{4KBQ}{\pi D} = KD \tag{4-9}$$

(三)安装、性能和维护

1.仪表安装

(1)由于感应电压信号是在整个充满磁场的空间中形成的，是管道载面上的平均值，

因此传感器所需的直管段较短,长度为5倍的管道直径。

(2)电磁流量计的安装位置,可以水平安装,也可垂直安装;但传感器不要安装在管道的最高处。

(3)由于在液体中所感应出的电势数值很小,所以要引入高放大倍数的放大器,很容易受到外界电磁场干扰的影响,所以要远离磁场(大功率电机、变压器)和振动源(泵等)。

(4)前后管道接地。因为本身电位信号是小信号,碰到干扰马上就会冲掉正常信号。在安装时前后管道应进行可靠的接地连接,可以消除流体在管道中冲刷产生的电势,避免产生误差。

2.仪表性能

(1)只能用来测量导电液体的流量,其导电率要求不小于水的导电率,不能测量气体、蒸汽和石油制品的流量;测量介质要充满管道;测量介质不能含有过多气泡;在采取防腐蚀衬里的条件下,可以用于测量各种腐蚀性液体的流量,也可以用来测量含有微粒、悬浮物等液体的流量。

(2)测量不受流体密度、黏度、温度、压力变化的影响,所以精度比较高,对流量变化反应速度快,可用来测量脉动流量。

(3)测量管内无阻碍流动部件,无压损,有利于节能。

3.仪表维护

及时更换传感器衬里。

五、质量流量计

直接测量单位时间内所流过的介质的质量,即质量流量 q_m。质量流量计的最后输出信号只与介质的质量流量 q_m 成比例,这就能从根本上提高流量测量的精度,省去了烦琐的换算和修正。

(一)主要结构

图4-12是一种U形管式科氏力流量计的示意图,U形管的两个开口端固定,流体从一端流入,由另一端流出。在U形管顶端装有电磁装置,激发U形管以 O—O 为轴,按固有频率振动,振动方向垂直于U形管所在的平面。

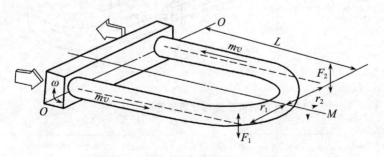

图4-12 科里奥利流量计结构示意图

质量流量计
外观展示

质量流量计
结构展示

（二）工作原理

质量流量计

U 形管内的液体在沿管道流动的同时，又随管道做垂直运动，此时流体在 U 形管两侧的流动方向相反，作用于 U 形管两侧的科氏力大小相等、方向相反，U 形管在两个力的作用下将发生扭曲，扭曲的角度与通过 U 形管的流体质量流量成正比。如果测出 U 形管扭转角度的大小，就可以得到所测的质量流量，其关系式为

$$q_m = Ks\theta / 4\omega r \tag{4-10}$$

式中，θ 为扭转角；

Ks 为扭转弹性系数；

ω 为振动角速度；

r 为 U 形管跨度半径。

（三）分类

以科里奥利力为原理而设计的质量流量计已有多种形式。根据检测管的形状来分，大体上可以归纳为四类，即直管型、弯管型、单管型和多管型（图 4-13）。

弯管型检测管的仪表管道产生的信号相对较大，技术也相对成熟。因为自振频率也低（80～150 Hz），可以采用较厚的管壁，仪表耐磨、耐腐蚀性能较好，但易存积气体和残渣引起附加误差且对安装空间有要求。直管型仪表不易存积气体，流量传感器尺寸小，重量轻；但自振频率高，信号不易检测，为使自振频率不至于太高，往往管壁较薄，易受磨损和腐蚀。

单管型仪表不分流，测量管中流量处处相等，对稳定零点有好处，也便于清洗，但易受外界振动的干扰，仅见于早期的产品和一些小口径仪表。双管型仪表增大信号，同时降低外界振动干扰的影响。

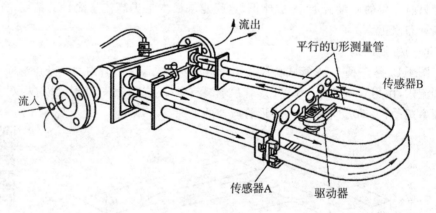

图 4-13　双管型科里奥利质量流量计

（四）实际应用

1. 仪表安装

（1）仪表对流速分布不敏感，因而无上下游直管段要求。

（2）因为质量流量计是基于振动原理工作的，对外界振动干扰较为敏感，为防止管道

振动影响,大部分型号科里奥利质量流量计的流量传感器安装固定要求较高。

(3)安装位置应避免电磁干扰。质量流量计是靠电磁线圈驱动工作的,应该避免电磁场的干扰,以取得正确的感应信号。

(4)根据流体的不同性质,选择不同的传感器安装朝向,要始终保持传感器流量管里流体处于充满状态,气体进料测量的质量流量计 U 形管朝上,以免测量管内积聚冷凝液;液体进料测量质量流量计 U 形管朝下,以免测量管内积聚气体。

2.仪表性能

(1)直接测量质量流量,不受流体物性(密度、黏度等)的影响,测量精度高。

(2)可测量流体范围广,高黏度的各种液体、含有固形物的浆液、含有微量气体的液体等都可测量。

3.仪表维护

(1)科里奥利质量流量计零点不稳定形成零点漂移,注意调零。

(2)使用寿命长,维护率低:质量流量计的测量主体为一根 U 形管,U 形管两开口端固定,流体由此流入流出,管道内无障碍物,无可动部件,故障因素少,安装维护方便。

科氏力质量流量计的发明是科技界苦苦求索几十年的结果,其应用也越来越广泛。它的问世带来了流体测量技术的一次深刻变革,被专家誉为 21 世纪的主流流量计。

任务 4.2　设计流量控制系统

[任务描述]

现实生活中,许多方面都要进行流量控制,如人工调节水龙头控制自来水出水量,就是一个人工调节流量的例子,如果采用一套自动控制装置来取代人工操作,就称为流量自动控制。本次任务是学习流量控制系统的基本知识,流量控制系统的设计分析方法与操作技能。

[任务目标]

掌握流量控制的基本设计方法,能初步确定一个合适的简单系统流量控制方案,能正确使用流量检测仪表和控制仪表进行流量控制。

[相关知识]

在化工生产中,各种物料大多数是在连续流动状态下,或是进行传热,或是进行传质和化学反应等过程。为使物料便于输送、控制,多数物料是以气态或液态的方式在管道内流动。倘若是固态物料,有时也进行流态化。流体的输送,是一个动量传递过程,流体在管道内流动,从泵或压缩机等输送设备获得能量,以克服流动阻力。泵是液体的输送设备,压缩机则是气体的输送设备。

流体输送设备的基本任务是输送流体和提高流体的压头。在连续性化工生产过程中,除了某些特殊情况,如泵的启停、压缩机的程序控制和信号连锁外,对流体输送设备的控制,多数是属于流量或压力的控制,如定值控制、比值控制及以流量作为副变量的串级控制等;此外,还有为保护输送设备不致损坏的一些保护性控制方案,如离心式压缩机的"防喘振"控制方案。

一、离心泵的自动控制方案

流量控制在化工厂中是常见的,例如进入化学反应器的原料量需要维持恒定、精馏塔的进料量或回流量需要维持恒定等。

离心泵是最常见的液体输送设备。它的压头是由旋转翼轮作用于液体的离心力而产生的。转速越高,则离心力越大,压头也越高。离心泵流量控制的目的是要将泵的排出流量恒定于某一给定的数值上,离心泵的流量控制大体有三种方法。

1.控制泵的出口阀门开度

通过控制泵的出口阀门开启度来控制流量的方法如图 4-14 所示。当干扰作用使被控变量(流量)发生变化偏离给定值时,控制器发出控制信号,阀门动作,控制结果使流量回到给定值。

改变出口阀门的开启度就是改变管路上的阻力,为什么阻力的变化就能引起流量的变化呢? 这得从离心泵本身的特性加以解释。

在一定转速下,离心泵的排出流量 Q 与泵产生的压力 H 有一定的对应关系,如图 4-15所示。在不同流量下,泵所能提供的压头是不同的,曲线 A 被称为泵的流量特性曲线。泵提供的压头又必须与管路上的阻力相平衡才能进行操作。克服管路阻力所需压头的大小随流量的增加而增加,如曲线 1 所示。曲线 1 称为管路特性曲线。曲线 A 与曲线 1 的交点 C_1 即为进行操作的工作点。此时泵所产生的压头正好用来克服管路的阻力,C_1 点对应的流量 Q_1 即为泵的实际出口流量。

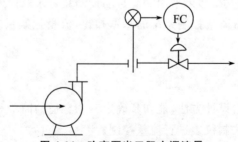

图 4-14　改变泵出口阻力调流量

当控制阀开启度发生变化时,由于转速是恒定的,所以泵的特性没有变化,即图 4-15 中的曲线 A 没有变化。但管路上的阻力却发生了变化,即管路特性曲线不再是曲线 1,随着控制阀的关小,可能变为曲线 2 或曲线 3 了。工作点就由 C_1 移向 C_2 或 C_3,出口流量也由 Q_1 改变为 Q_2 或 Q_3。以上就是通过控制泵的出口阀开启度来改变排出流量的基本原理。

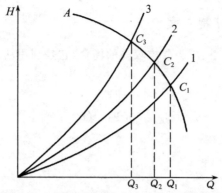

图 4-15　泵的流量特性曲线与管路特性曲线

采用本方案时,要注意控制阀一般应该安装在泵的出口管线上,而不应该安装在泵的吸入管线上(特殊情况除外)。这是因为控制阀在正常工作时,需要有一定的压降,而离心泵的吸入高度是有限的。

控制出口阀门开启度的方案简单可行,是应用最为广泛的方案。但是,此方案总的机械效率较低,特别是控制阀开度较小时,阀上压降较大,对于大功率的泵,损耗的功率相当大,因此是不经济的。

2. 控制泵的转速

图 4-16 中,曲线 1,2,3 表示转速分别为 n_1,n_2,n_3 时的流量特性,且有 $n_1 > n_2 > n_3$。在同样的流量情况下,泵的转速提高会使压头 H 增加。在一定的管路特性曲线 B 的情况下,减小泵的转速,会使工作点由 C_1 移向 C_2 或 C_3,流量相应地也由 Q_1 减少到 Q_2 或 Q_3。

该方案从能量消耗的角度来衡量是最为经济的,机械效率较高,但调速机构一般较复杂,所以多用在蒸汽透平驱动离心泵的场合,此时仅需控制蒸汽量即可控制转速。

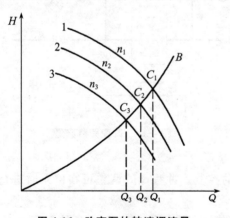

图 4-16　改变泵的转速调流量

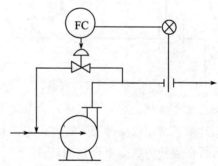

图 4-17　改变旁路阀调流量

3. 控制泵的出口旁路

如图 4-17 所示,将泵的部分排出量重新送回吸入管路,用改变旁路阀开启度的方法来控制泵的实际排出量。

控制阀装在旁路上,压差大,流量小,因此控制阀的尺寸较小。

该方案不经济,因为旁路阀消耗一部分高压液体能量,使总的机械效率降低,故很少采用。

二、往复泵的自动控制方案

往复泵多用于流量较小、压头要求较高的场合,它是利用活塞在汽缸中往复滑行来输送流体的。

往复泵提供的理论流量可按式(4-11)计算。

$$Q_{理} = 60nFs \quad (m^3/h) \tag{4-11}$$

式中,n 为每分钟的往复次数;

　　F 为气缸的截面积,m^2;

　　s 为活塞冲程,m。

由上述计算式中可清楚地看出,从泵体角度来说,影响往复泵出口流量变化的仅有 n,F,s 三个参数,或者说只能通过改变 n,F,s 来控制流量。了解这一点对设计流量控制方案很有帮助。常用的流量控制方案有三种。

1.改变原动机的转速

该方案适用于以蒸汽机或汽轮机作原动机的场合,此时,可借助于改变蒸汽流量的方法方便地控制转速,进而控制往复泵的出口流量,如图 4-18 所示。电动机做原动机,调速机构较复杂,故很少采用。

2.控制泵的出口旁路

如图 4-19 所示,通过改变旁路阀开度的方法来控制实际排除量。该方案由于高压流体的部分能量要白白消耗在旁路上,故经济性较差。

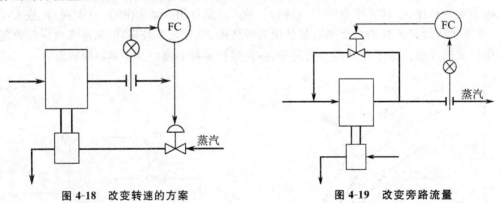

图 4-18　改变转速的方案　　　　　　图 4-19　改变旁路流量

3.改变冲程 s

计量泵常用改变冲程 s 的方式来进行流量的控制。冲程 s 的调整可在停泵时进行,也有可在运转的状态下进行的。

往复泵的前两种控制方案,原则上亦适用于其他直接位移式的泵,如齿轮泵等。

往复泵的出口管道上不允许安装控制阀,这是因为往复泵活塞每往返一次,总有一定体积的流体排出。当在出口管线上节流时,压头 H 会大幅度增加。图 4-20 是往复泵的压头 H 与流量 Q 之间的特性曲线。在一定的转速下,随着流量的减少压头急剧增加,这样既达不到控制流量的目的,又极易导致泵体受到损坏。

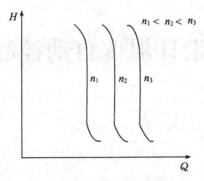

图 4-20　往复泵的特性曲线

思考题

1.试述流量计的分类及其工作原理。

2.试述差压式流量计的工作原理,并说明哪些因素对差压式流量计的流量测量有影响。

3.为什么说转子流量计是定压降式流量计,而差压式流量计是变压降式流量计?

4.椭圆齿轮流量计的工作原理是什么? 它的特点是什么? 在使用中应注意什么问题?

5.电磁流量计的工作原理是什么? 它对测量介质有什么要求?

6.试述漩涡流量计的工作原理及特点。

7.试述科氏质量流量计的工作原理及特点。

8.离心泵的控制方案有哪些? 请分析它们各自的优缺点。

9.试述下图所示离心式压缩机两种控制方案的特点,说明它们在控制目的上有什么不同。如果调节器采用 PI 作用,应采取什么措施?

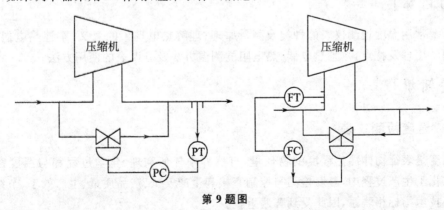

第 9 题图

项目 5　设计温度自动控制系统

[项目内容]

- 选用温度测量仪表；
- 温度控制系统的分析与设计。

[项目知识目标]

- 掌握常用温度测量仪表的原理、使用与维护；
- 掌握温度单回路控制系统的设计方法与控制过程分析方法。

[项目能力目标]

- 能根据要求完成基本的温度控制系统的方案设计。

任务 5.1　选用温度测温仪表

[任务描述]

要实现生产过程中对温度的自动控制，需要把实际温度测量出来。测量温度的仪表种类很多。本次任务是针对常见的不同温度系统的特点选择合适的测量元件。

[任务目标]

了解常用温度检测仪表的种类及测量原理；理解热电现象的意义；掌握热电偶、热电阻的测温原理及特点，熟悉热电偶、热电阻的测温方法及分度表的使用方法。

[相关知识]

一、温度检测仪表

温度是表征物体冷热程度的物理量，自然界中任何物理、化学过程都与温度密切相关。在化工生产过程中，温度检测与控制直接和生产安全、产品质量、生产效率、节约能源等重要技术指标相联系，因此受到普遍重视。

温度不能直接测量，只能借助于冷热不同的物体之间的热交换，以及物体的某些物理性质随温度的变化而变化的特性间接测量。目前化工生产中常用的测温仪表按检测方法的不同可分为接触式测温和非接触式测温两大类。

(一)接触式测温

当两个冷热程度不同的物体相接触时,必然产生热交换现象,直至两物体的冷热程度一致,达到热平衡为止。接触式测温就是根据这一原理进行温度测量的。接触式测温可以直接测得被测物体的温度,简单可靠、测量精度高。但是,由于测温元件与被测介质需要进行充分的热交换,从而产生了测温滞后且受到耐高温材料的限制,不能用于很高温度的测量。常用的接触式测温仪表有以下几种。

1.液体膨胀式温度计

它是根据液体受热时体积膨胀的原理进行温度测量的。其结构简单,使用方便,稳定性较好,价格便宜,精度较高,但容易破损,不能记录和远传,测量范围为-50~600 ℃。

2.固体膨胀式温度计

它是根据双金属受热时线性膨胀的原理进行温度测量的,其结构紧凑(图5-1),牢固可靠,机械强度较高,耐振动,价格便宜,但精度较低,一般只用作现场显示,不能与记录和控制仪表连接。它的测温范围为-80~600 ℃。

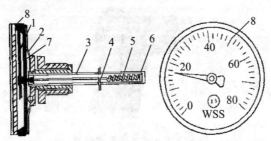

1—指针;2—表壳;3—金属保护套管;4—指针轴;5—双金属片;6—固定端;7—仪表盘;8—温度表

图5-1 双金属温度计

3.压力式温度计

它是根据温包内气体、液体或蒸汽受热后压力改变的原理进行温度测量的(图5-2),其特点是耐震,坚固,防爆,价格便宜,最易就地集中测量;但它的精度低,测量距离短,时间常数大,滞后大,毛细管机械强度差,损坏后不易修复,不能与记录和控制仪表连接。它的测温范围为-30~600 ℃。

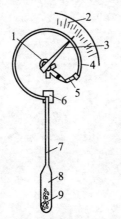

1—传动机构;2—刻度盘;3—指针;4—弹簧管;5—连杆;6—接头;7—毛细管;8—温包;9—工作物质

图5-2 压力式温度计结构图

4. 热电阻温度计

它是根据导体或半导体的热阻效应原理进行温度测量的,便于远距离测量和自动控制,适合测量中、低温范围;但振动场合容易损坏,使用时需注意环境温度的影响。它的测温范围为 $-200 \sim 650 \ \text{℃}$。

5. 热电偶温度计

它是根据金属的热电效应原理进行温度测量的,其测温范围广,测量准确,便于远距离测温和自动控制;但需要进行冷端温度补偿。它的测温范围为 $-269 \sim 2\,800 \ \text{℃}$。

(二)非接触式温度计

非接触式测温是利用热辐射或热对流实现热交换,从而进行温度测量的。测温元件不与被测介质直接接触,测温范围很广,不受测温上限的限制,也不会破坏被测物体的温度场,反应速度快,可用来测量运动物体的表面温度;但受发射物体的反射率、测量距离、烟尘和水汽等外界因素的影响,测量精度较低。常用的非接触式温度仪表(图 5-3)有辐射高温计和光学高温计等。

图 5-3 非接触式温度计

在化工生产中,多数利用热电偶和热电阻这两种温度检测元件来测量温度。

二、热电偶温度计

热电偶温度计是以热电效应为基础的测温仪表。它的测温范围广、结构简单、使用方便、测温准确可靠,便于信号的远传、自动记录和集中控制,因而在化工生产中应用极为普遍。

热电偶温度计由三部分组成:热电偶(感温元件),测量仪表(毫伏计或电位差计),连接热电偶和测量仪表的导线(补偿导线及铜导线)。图 5-4 是热电偶温度计最简单的测温系统的示意图。

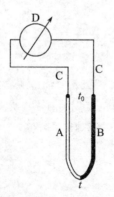

A、B—热电偶;C—导线;D—显示仪表;t—热端;t_0—冷端

图 5-4 热电偶测温系统

(一)热电偶

热电偶是由两种不同材料的导体 A 和 B 焊接或铰接而成,焊接的一端称作热电偶的工作端(一般称为热端),另一端与导线连接,叫作自由端(一般称为冷端)。导体 A、B 称为热电极,合称热电偶。

使用时,将热电偶的工作端插入需要测量温度的生产设备中,冷端置于生产设备的外面,当两端所处的温度不同时(热端为 t,冷端为 t_0),在热电偶回路内就会产生热电势,我们把这种物理现象称为热电效应。

1.热电偶的工作原理

如图 5-5 所示,金属 A 和金属 B 具有不同的电子密度,当它们接触时,因为电子的扩散作用而产生电场;电子在扩散作用和电场力作用下最终达到平衡,这时的接触电势差仅和两金属的材料和接触点的温度有关。温度越高,金属中的自由电子就越活跃,因而接触电势也增高,由于这个电势大小,在热电偶材料确定后只和温度有关,故称为热电势,记作 $e_{AB}(t)$。

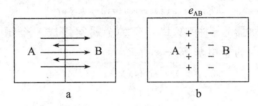

图 5-5　接触电势形成的过程

若把导体的另一端也闭合,形成闭合回路,则在两节点处就形成了两个方向相反的热电势,如图 5-6 所示。图 5-6 表示两金属的接点温度不同,设 $t>t_0$,在该回路内就会产生两个大小不等、方向相反的热电势 $e_{AB}(t)$ 和 $e_{AB}(t_0)$。

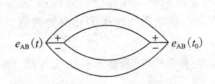

图 5-6　热电偶原理及电路图

闭合回路中,设 A,B 两种温度的自由电子密度 $N_A>N_B$,焊接点温度 $t>t_0$,则热电偶产生的热电势 $E_{AB}(t,t_0)$ 可表示为

$$E_{AB}(t,t_0)=E_{AB}(t)-E_{AB}(t_0) \tag{5-1}$$

或

$$E_{AB}(t,t_0)=E_{AB}(t)+E_{BA}(t_0) \tag{5-2}$$

当冷端温度 t_0 恒定时,$E_{AB}(t_0)$ 为一常数此时,热电势 $E_{AB}(t,t_0)$ 就为热端温度 t 的单值函数;当构成热电偶的热电极材料均匀时,热电势只与工作端温度 t 有关,而与热电偶的长短及粗细无关。只要测出热电势的大小,就能知道被测温度的高低,这就是热电偶的测温原理。

显然,当构成热电偶的热电极材料相同时,两接点的接触电势都为零,无论两接点的温度如何,闭合回路中总的热电势都为零,所以同种材料构成热电偶无意义;如果两接点温度相等,尽管热电极材料不同,但两接点的接触电势相等,回路中总的热电势仍然为零,同样不能进行温度测量。

2. 插入第三种导线问题

利用热电偶测量温度时,必须要用某些仪表来测量热电势的数值,如图5-7所示。

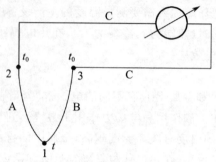

图 5-7　热电偶测温系统连接图

回路中总的热电势为

$$E_t = e_{AB}(t) + e_{BC}(t_0) + e_{CA}(t_0) \tag{5-3}$$

根据能量守恒原理可知,若将 A,B,C 三种金属丝组成一个闭合回路,各接点温度相同(都等于 t_0),则回路内的总电势等于零,即

$$e_{AB}(t_0) + e_{BC}(t_0) + e_{CA}(t_0) = 0$$

则

$$-e_{AB}(t_0) = e_{BC}(t_0) + e_{CA}(t_0) \tag{5-4}$$

将式(5-4)带入式(5-3),可得

$$E_t = e_{AB}(t) - e_{AB}(t_0) \tag{5-5}$$

结果也和式(5-1)相同,可见也与没有接入第三种导线的热电势一样。

这就说明在热电偶回路中接入第三种金属导线,对原热电偶所产生的热电势数值并无影响;不过,必须保证引入线两端的温度相同。同理,如果回路中串入更多种导线,只要引入线两端温度相同,也不影响热电偶所产生的热电势数值。

3. 热电偶的结构

热电偶一般由热电极、绝缘子、保护套管和接线盒等部分组成(图5-8)。

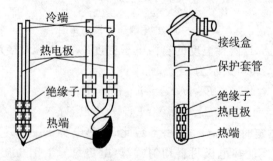

图 5-8　热电偶结构

热电极是组成热电偶的两根热偶丝。热电偶的直径由材料的价格、机械强度、电导率以及热电偶的用途和测量范围等决定。

绝缘管用于防止两根热电极短路,材料的选用由使用温度范围而定。

保护套管是套在热电极、绝缘子的外边,其作用是保护热电极不受化学腐蚀和机械损伤。

4. 常用热电偶的种类

工业上常用的热电偶材料要求在测温范围内物理和化学性质稳定,不易被氧化或腐蚀;热电势与温度呈线性或简单函数关系,且电阻温度系数小,电导率高,同样温差下产生的热电势大;热电性质稳定,不随时间变化,复现性好;材料组织均匀、有韧性、便于加工成丝。我国定型生产的已经标准化了的常用热电偶有铂铑$_{10}$-铂、铂铑$_{30}$-铂铑$_{6}$、镍铬-镍硅、镍铬-铜镍、铁-铜镍、镍铬-铜镍六种。

(1)铂铑$_{30}$-铂铑$_{6}$热电偶(分度号为 B)。

它也称双铂铑热电偶,是 20 世纪 60 年代发展起来的一种典型的高温热电偶。以铂铑 30(铂 70%,铑 30%)为正极、铂铑 6(铂 94%,铑 6%)为负极,测温上限长期可达 1 600 ℃,短期可达 1 800 ℃。其热电特性在高温下更为稳定,适于在氧化性或中性介质中使用,但它产生的热电势小、价格高。在室温下热电势极小(25 ℃时为—2 μV,50 ℃时为 3 μV),因此当冷端温度在 40 ℃以下时,一般不需要进行冷端温度补偿。

(2)铂铑$_{10}$-铂热电偶(分度号为 S)。

铂铑$_{10}$为正极,纯铂丝为负极,测温上限长期使用为 1 300 ℃,短期可达 1 600 ℃,适于在氧化性及中性介质中使用,物理化学性能稳定,耐高温,不易氧化,在所有的热电偶中它的精度最高,可用于精密温度测量和做基准热电偶。但这种热电偶价格高,热电势小,线性较差,在还原介质及金属蒸汽中使用易被污染变质,只能在真空下短期使用。

(3)镍铬-镍硅热电偶(分度号为 K)。

镍铬为正极,镍硅为负极,测温上限长期使用为 1 000 ℃、短期使用可达 1 200 ℃。此热电偶由于正、负极材料中都含镍,故抗氧化性、抗腐蚀性好,500 ℃以下可用于氧化性及还原性介质中。500 ℃以上只宜在氧化性和中性介质中使用。热电势与温度近似为线性,热电势比铂铑-铂热电偶高 3～4 倍,价格便宜,应用广泛。

(4)镍铬-康铜热电偶(分度号为 E)。

镍铬为正极,康铜(含镍 40%的铜镍合金)为负极,测温范围为—200～870 ℃,但在 750 ℃以上只宜短期使用。该热电偶稳定性好,使用条件同 K 型热电偶,但热电势比 K 型热电偶高一倍,价格低廉,并可用于低温测量,尤其适宜在 0 ℃以下使用,而在湿度大的情况下较其他热电偶耐腐蚀。

(5)铜-康铜热电偶(分度号为 T)。

该热电偶正极为纯铜,负极为康铜,适用测温范围一般为—200～300 ℃,短期可达 350 ℃。在廉价金属热电偶中,它的精确度高,稳定性好,低温测量灵敏度高,可用于真空、氧化、还原及中性介质中。但由于铜在高温时易氧化,故一般使用时不超过 300 ℃,因铜热电极的热导率高,低温下易引入误差。

(6)铁-康铜热电偶(分度号为 J)。

该热电偶正极为铁,负极为康铜,一般测温范围为—40～750 ℃。它是廉价金属热电偶,适用的介质同铜-康铜热电偶,这种热电偶在 700 ℃以下线性非常好,具有较高的灵敏度。由于铁易氧化生锈,故它不能在高温下或含硫的介质中使用。

(二)补偿导线的选用

由热电偶测温原理可知,只有当热电偶冷端温度保持不变时,热电势才是被测温度的单值函数。但在实际工作中,由于热电偶的冷端常常靠近设备或管道,冷端温度不仅受环境温度的影响,还受设备或管道中被测介质温度的影响,因而冷端温度难以保持恒定。如果冷端温度自由变化,必然引起测量误差。为了准确地测量温度,应设法将热电偶的冷端延伸到远离被测对象且温度较为稳定的地方。由于热电偶大都采用贵金属材料制成,且检测点到仪表的距离较远,为了降低成本,通常采用补偿导线将热电偶的冷端延伸到远离热源并且温度较为稳定的地方。

补偿导线是由廉价金属制成,在 0~100 ℃范围内,其热电特性与所连接的标准化热电偶的热电特性完全一致或非常接近,使用补偿导线相当于将热电偶延长。不同热电偶所配用的补偿导线是不相同的,廉价金属制成的热电偶,可用其本身材料作为补偿导线(表 5-1)。

表 5-1 常用热电偶的补偿导线

配用热电偶分度号	补偿导线型号	补偿导线正极		补偿导线负极		补偿导线在 100 ℃的热电势允许误差,mV	
		材料	颜色	材料	颜色	A(精密级)	B(精密级)
S	SC	铜	红	铜镍	绿	0.645±0.023	0.645±0.037
K	KC	铜	红	铜镍	蓝	4.095±0.063	4.095±0.105
K	KX	镍铬	红	镍硅	黑	4.095±0.063	4.095±0.105
E	EX	镍铬	红	铜镍	棕	6.317±0.102	6.317±0.170
J	JX	铁	红	铜镍	紫	5.268±0.081	5.268±0.135
T	TX	铜	红	铜镍	白	4.277±0.023	4.277±0.047

在使用补偿导线时,必须注意:选用的补偿导线必须与热电偶相匹配;补偿导线的正、负极应与热电偶的正、负极对应相接,否则会产生很大的测量误差;补偿导线与热电偶连接端的接点温度应相等,且不能超过 100 ℃。

(三)热电偶冷端温度的补偿方法

采用补偿导线可以将热电偶的冷端延伸到温度较为稳定的地方,但延伸后的冷端温度一般还不是 0 ℃,而热电偶的分度表是在冷端温度为 0 ℃时得到的,热电偶所用的配套仪表也是以冷端温度为 0 ℃进行刻度的。为了保证测量的准确性,在使用热电偶时,只有将冷端温度保持为 0 ℃,或者进行一定的修正才能得出准确的测量结果,即要对热电偶的冷端进行温度补偿。常用的冷端温度补偿方法有以下几种。

1.冰浴法

如图 5-9 所示,将通过补偿导线延伸出来的冷端分别插入装有变压器油的试管中,把试管放入装有冰水混合物的容器中,可使冷端温度保持 0 ℃。这种方法在实际生产中不适用,多用于实验室。

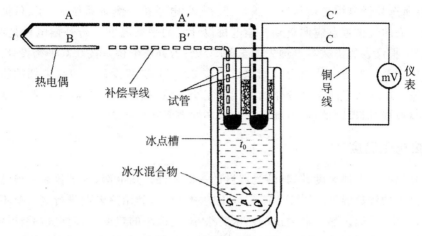

图 5-9　热电偶冷端温度保持 0 ℃的方法

2. 冷端温度修正法

在实际生产中,冷端温度往往不是 0 ℃,而是某一温度 t_1,这就引起测量误差。因此,必须对冷端温度进行修正,即

$$E(t,0)=E(t,t_1)+E(t_1,0) \tag{5-6}$$

因为

$$E(t,t_1)=E(t,0)-E(t_1,0)$$

由此可知,冷端温度的修正方法是把测得的热电势 $E(t,t_1)$,加上热端为室温 t_1,冷端为 0 ℃时的热电偶的热电势 $E(t_1,0)$,才能得到实际温度下的热电势 $E(t,0)$。

3. 校正仪表零点法

一般显示仪表未工作时指针均指在零位上(机械零点)。如果热电偶的冷端温度 t_0(室温)较为恒定时,可在测温前断开测量电路,将显示仪表的机械零点调整到 t_0 上,这相当于在输入热电偶回路热电动势之前就给显示仪表输入了一个补偿电动势 $E(t_0,0)$。这样,在接入热电偶之后,输入显示仪表的热电动势相当于 $E(t,t_0)+E(t_0,0)=E(t,0)$,显示仪表就能显示测量端的实际被测温度。

注意:①当参比端温度 t_0 变化时,要重新调整显示仪表的零点;②调整仪表的零点时,要在断开热电偶的情况下进行。

4. 补偿电桥法

如图 5-10 所示,当热电偶冷端温度波动较大时,可在补偿导线后面接上补偿电桥(不平衡电桥),使其产生一不平衡电压 ΔU,来自动补偿热电偶因冷端温度变化而引起的热电势变化。

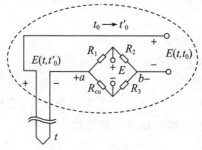

图 5-10　电桥补偿法

注意：所选补偿电桥必须与热电偶配套。补偿电桥接入测量系统时，正、负极不可接反。显示仪表的机械零点应调整到补偿电桥设计时的平衡温度。若补偿电桥是在 20 ℃平衡的，仍需把仪表的机械零点预先调至 20 ℃处；若补偿电桥是按 0 ℃平衡设计的，则仪表的零点应调至 0 ℃处。大部分补偿电桥均按 20 ℃时平衡设计。因热电偶的热电势和补偿电桥输出电压两者随温度变化的特性不完全一致，故冷端补偿器在补偿温度范围内得不到完全补偿，但误差很小，能满足工业生产的需要。

三、热电阻温度计

上面介绍的热电偶温度计，其感受温度的一次元件是热电偶，这类仪表一般适用于测量 500 ℃以上的较高温度。对于 500 ℃以下的中、低温，利用热电偶进行测量就不一定合适。首先，在中、低温区热电偶输出的热电势很小，这么小的热电势，对电位差计的放大器和抗干扰措施要求都很高，否则就测量不准且仪表维修也很困难；其次，在较低的温度区域，冷端温度的变化和环境温度的变化所引起的相对误差就显得很突出，而不易得到全补偿。所以，在中、低温区，通常使用热电阻温度计来进行温度的测量。

热电阻温度计由热电阻（测温元件）、显示仪表（不平衡电桥或平衡电桥）以及连接导线所组成，如图 5-11 所示。

热电阻是热电阻温度计的测温元件，是这种温度计的最主要部分。

图 5-11　热电阻温度计

（一）测温原理

热电阻温度计是基于导体或半导体材料的电阻值随温度的变化而变化的性质，通过测量其电阻值及改变值，间接测量温度。

大多数金属导体的电阻随温度的升高而增加，其变化幅度为：温度每上升 1 ℃，金属电阻增大 0.4%～0.6%。在一定的温度范围内，金属导体的电阻与温度的关系为

$$R_t = R_{t_0}[1 + \alpha(t - t_0)] \tag{5-7}$$

$$\Delta R_t = \alpha R_{t_0} \cdot \Delta t$$

式中，R_t 为温度 t 时对应的电阻值；

R_{t_0} 为温度 t_0（通常 $t_0 = 0$ ℃）时对应的电阻值；

α 为温度系数；

Δt 是温度的变化值；

ΔR_t 是电阻值的变化量。

热电阻结构
原理展示

热电阻温度计与热电偶温度计的测量原理是不同的。热电阻温度计将温度的变化通过热电阻转换为电阻值的变化来测量温度，而热电偶温度计则是把温度的变化通过热电偶转化为热电势的变化来测量温度。

热电阻温度计适用于测量 $-200 \sim +500$ ℃范围内液体、气体、蒸汽及固体表面的温

度。它与热电偶温度计一样，也具有远传、自动记录和实现多点测量等优点。另外，热电阻的输出信号大，测量比较准确。

（二）常用的热电阻

大部分金属导体的电阻都会随温度的变化而变化，但并不是都能用作测温热电阻，作为热电阻的金属材料一般要求尽可能大且稳定的温度系数、电阻率要大、在使用的温度范围内具有稳定的化学和物理性能、材料的复制性好、电阻值随温度的变化要有单值函数关系（最好呈线性关系）。目前应用最广的是铂电阻和铜电阻。近年来使用的一些新型热电阻材料有镍、铟、锰、碳等。

1.铂电阻

金属铂易于提纯，在氧化性介质中，甚至在高温下其物理、化学性质都非常稳定。但在还原性介质中，特别是高温下很容易被玷污，使铂丝变脆，并改变了其电阻与温度间的关系，因此，要特别注意保护。

在 $0\sim650$ ℃ 的温度范围内，铂电阻与温度的关系为

$$R_t=R_0(1+At+Bt^2+Ct^3) \tag{5-8}$$

式中，R_t 为 t ℃时的电阻值。

R_0 为 0 ℃时的电阻值。

A,B 分别为常数，由实验求得：$A=3.950\times10^{-3}/(℃)^2$；$B=-5.80\times10^{-7}/(℃)$，$C=-4.22\times10^{-22}(℃)^3$。

工业上常用的铂电阻有两种：一种是 $R_0=10$ Ω，对应分度号为 Pt10；另一种是 $R_0=100$ Ω，对应分度号为 Pt100。

2.铜电阻

金属铜易加工提纯，价格便宜；它的电阻温度系数很大且电阻与温度呈线性关系；在 $-50\sim+150$ ℃ 的范围内，具有很好的稳定性。其缺点是温度超过 150 ℃后易被氧化，氧化后失去良好的线性特征；另外，由于铜的电阻率小（一般为 0.017 Ω·mm²/m），为了要绕得一定的电阻值，铜电阻丝必须要细，长度也要较长，这样铜电阻就较大、机械强度也降低。

在 $-50\sim+150$ ℃ 的范围内，铜电阻与温度的关系是线性的，即

$$R_t=R_0(1+\alpha t) \tag{5-9}$$

式中，α 为铜的电阻温度系数（$4.25\times10^{-3}/℃$）；

其他符号与式（5-7）相同。

工业上常用的铜电阻有两种：一种是 $R_0=50$ Ω，对应的分度号为 Cu50；另一种是 $R_0=100$ Ω，对应的分度号为 Cu100。

（三）热电阻的结构构造

热电阻的结构形式分为普通型热电阻、铠装热电阻和薄膜热电阻三种。

1.普通热电阻结构

普通热电阻结构主要由电阻体、保护套管和接线盒等主要部件所组成（图 5-12）。保护管直径为 Φ 12 mm，一是为防腐，二是增加机械强度。

图 5-12　普通型热电阻

2. 铠装热电阻

将电阻体预先拉制成型并与绝缘材料和保护套管连成一体（图 5-13），直径一般可达 $\varphi 2 \sim \varphi 8$ mm，最小可达 $\varphi 0.25$ mm。它的直径小，易弯曲，适宜安装在管道狭窄和要求快速反应、微型化等特殊场合。

图 5-13　铠装热电阻

3. 薄膜热电阻

将热电阻材料通过真空镀膜法，直接蒸镀到绝缘基底上（图 5-14）。膜厚在 2 μm 以内，薄膜热容量小，热导率大；而基板又是很好的绝缘材料，精度高，稳定性好，可靠性强。

图 5-14　薄膜热电阻

（四）三线制连接

在热电阻的两端各连接一根导线来引出电阻信号的方式叫二线制（图 5-15）。测量热电阻的电路一般是不平衡电桥。热电阻作为电桥的一个桥臂电阻，其连接导线（从热电阻到中控室）也成为桥臂电阻的一部分，导线电阻大小与导线的材质和长度有关，且随环境温度的变化，造成测量误差，因此二线制这种连接方式只适用于测量精度较低的场合。

如图 5-16 所示，将一根导线接到电桥的电源端，其余两根分别接到热电阻所在的桥臂及与其相邻的桥臂上，这种方式称为三线制。热电阻采用三线制接法可以消除连接导线电阻引起的测量误差。

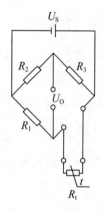
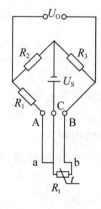

图 5-15　二线制连接示意图和等效原理图　图 5-16　三线制连接示意图和等效原理图

任务 5.2 设计温度控制系统

[任务描述]

在化工生产中,工艺过程往往要求在一定的温度下进行。为此,必须适时地定量或按一定速率输入或输出热量,称之为传热。传热是化工过程中最常见的单元操作之一,承担热量传递的设备为传热设备。本次任务是为保证热量的合理利用,了解传热过程的基本规律,根据传热的目的制订相应的控制方案。

[任务目标]

了解简单控制系统的组成,熟悉温度控制系统的设计思路并能正确进行温度控制方案的初步设计。

[相关知识]

一、传热设备的控制目标

在化工生产中,传热设备应用很广,其传热目的主要有四种。

(1)使工艺介质达到规定的温度,以使化学反应或其他工艺过程顺利进行。

(2)在生产过程中加入所需要的热量或除去放出的热量,使工艺过程能在规定的范围内进行。

(3)使工艺介质改变相态。

(4)回收热能。

在传热设备中,大部分为第一和第二目的服务,将其视为两侧无相态变化。多数情况下,被控变量为温度,操纵变量可视不同应用选择热量、载体流量等。而对于具有介质相态变化的加热器和冷凝器来讲,介质在工艺流程中伴随相态改变,其控制具有一定的选择性,应区别情况对待。在提高经济效益方面,传热设备作为热量传送、热量交换装置具有重要的地位。这与传热设备的控制效果直接相关,而热能的回收利用也在化工生产中担当重要的角色。

对于传热设备的自动控制,本节按传热两侧有无相态变化两种情况分别讨论,对其控制作综合介绍。

二、一般传热设备的控制方案

传热设备一般以对流传热为主,最常见的传热设备有换热器、蒸汽加热器、氨冷器、再沸器等,其中以间壁式换热器应用最为普遍。这些传热设备在控制中有一些共性,在大多数情况下,都是以工艺介质的出口温度为被控变量,而操纵变量通常是载热体的流量。然而控制方案可以有多种形式,为了保证传热设备中工艺介质的出口温度恒定在给定值上,从传热学角度可知需要对传热量进行控制,经常有以下几种方案。

1. 控制载热体的流量

控制载热体流量可以稳定被加热介质出口温度,控制方案如图 5-17 所示。从传热基本方程式可以解释这种方案的工作原理。

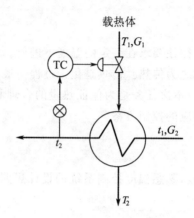

图5-17　通过改变载热体流量来控制温度

在传热设备的热交换过程中,被加热的工艺介质获得的热量为

$$Q = G_2 c_2 (t_2 - t_1)$$

载热体放出的热量为

$$Q = G_1 c_1 (T_1 - T_2)$$

如果忽略传热过程中损失掉的热量,那么热流体放出的热量应该等于冷流体所获得的热量,这样可写出下列热量平衡方程式:

$$Q = G_1 c_1 (T_1 - T_2) = G_2 c_2 (t_2 - t_1) \tag{5-10}$$

式中,Q 为单位时间内传递的热量;

G_1,G_2 分别为载热体和冷流体的流量;

c_1,c_2 分别为载热体和冷流体的比热容;

T_1,T_2 分别为载热体的入口和出口温度;

t_1,t_2 分别为冷流体的入口和出口温度。

另外,热量总是从高温物体向低温物体传递,物体间的温差是传热的动力,温差越大,传递速率越大。传热过程中传热的速率可按式(5-11)计算:

$$Q = KF\Delta t_m \tag{5-11}$$

式中,K 为传热系数;

F 为传热面积;

Δt_m 为两流体间的平均温差。

从传热学角度来看,冷热流体之间的传热量既要符合热量平衡方程式(5-10),又要符合传热速率方程式(5-11),则

$$G_2 c_2 (t_2 - t_1) = KF\Delta t_m \tag{5-12}$$

整理后可得

$$t_2 = (KF\Delta t_m / G_2 c_2) + t_1 \tag{5-13}$$

式(5-13)表明,假如让传热设备的传热面积 F 以及进入传热设备的冷流体的进口流

量 G_2、温度 t_1 及比热容 c_2 保持不变,那么影响冷流体出口温度 t_2 的因素主要是传热系数 K 及平均温差 Δt_m。而载热体流量的改变能有效地改变传热过程中的 Δt_m,从而也就改变了传热量,所以采用这个方案能满足要求。例如,由于某种原因使进入换热器的冷流体的量增加了,致使冷流体的出口温度 t_2 降低,那么控制器 FC 就会开大阀门以增加载热体的流量,载热体的出口温度 T_2 将要上升。这就必然导致冷热流体平均温差 Δt_m 上升,根据式(5-13)可知冷流体的出口温度 t_2 也将上升,从而使 t_2 维持在所要求的给定值上。所以,此种方案实质上是通过改变平均温差 Δt_m 来控制工艺介质出口温度 t_2 的。另外,载热体流量的变化也会引起传热系数 K 的变化,由于这种影响不会太大,可以不予考虑。

换热器的控制方案中应用最为普遍的是改变载热体流量,这种方案最简单,经常用于载热体流量的变化对温度影响较灵敏的场合。

2.控制载热体旁路流量

如果载热体是生产过程中的工艺流体,它的流量不能随意变动,我们就要采用调节载热体旁路流量的控制方案,如图 5-18 所示。这种控制方案的原理与前一种一样,也是利用改变温差 Δt_m 的办法来达到让换热器出口工艺介质的温度恒定在给定值上的目的。该方案通过三通阀让一部分的载热体进入换热器换热,另一部分的载热体直接旁路。这样,既可以改变进入换热器的载热体流量,又可以满足载热体总流量不变的要求。该方案适用于载热体为工艺主要介质的场合。

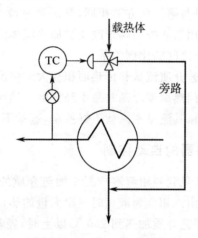

图 5-18　载热体为工艺流体时的控制方案

通常不用直通阀来直接控制旁路的流量,这是由于当换热器内部流体阻力小的时候,控制阀前后产生的压降很小,这样必须选口径很大的控制阀,从而引起阀的流量特性畸变,影响控制质量。

3.控制被加热流体自身流量

在换热器的控制中,我们也可以控制被加热流体的自身流量,如图 5-19 所示。这种控制方案不是将控制阀安装在输送载热体的管道上,而是安装在输送被加热流体的管道上,操纵变量是被加热流体。由式(5-13)可知,当被加热流体流量 G_2 越大,它的出口温度 t_2 就越低。这是由于 G_2 越大,流体的流动速度越快,冷、热流体的换热过程不充分,这样会使流体的出口温度有所下降。在本方案中,根据出口温度 t_2 的大小来控制进入换热器的被加热流体的量,同样也能达到控制出口温度 t_2 恒定的目的。它仅仅适用于所要求被加热的工艺介质的流量允许有变化的场合;如果不允许工艺介质的流量有变化,那么就要考虑用其他的控制方案。

4.控制被加热流体自身流量的旁路

在生产过程中,工艺上不允许控制被加热的工艺介质的总流量,可采用图 5-20 所示的控制方案。该方案采用三通控制阀让一部分工艺介质进入换热器换热,另一部分工艺介质直接从旁路通过,然后将两者混合起来。它实际上是一个混合过程,所以反应迅速及时,是一种很有效的调节手段。

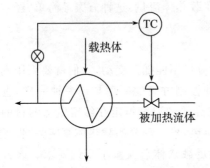
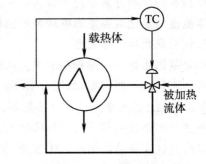

图 5-19　控制被加热流体自身流量控制方案　　图 5-20　被加热流体流量旁路的控制

这种控制方案从原理来讲与第三种方案相同,都是通过改变被加热流体自身流量来控制出口温度的,只不过是采用三通控制阀来改变被加热流体流量,从而改变进入换热器的被加热流体流量与旁路流量之间的比例关系。

但是,本方案不适用于工艺介质流量和传热面积较大的情况,这样会使载热体一直处于高负荷下工作,这在采用专门热剂或冷剂时是不经济的。然而对于某些热量回收系统,载热体本身就是某种工艺介质,其流量本来就不好控制,这就不成为缺点了。

三、一侧有相变的加热器的自动控制

在石油、化工生产中,经常见到利用蒸汽冷凝来加热介质的加热器,这种加热器叫蒸汽加热器,它是利用蒸汽冷凝由汽相变为液相时放出大量的热量,再通过加热器的管壁来加热工艺介质的。假如要将工艺介质加热到 200 ℃以上时,经常要使用一些专门的有机化合物作为载热体。

蒸汽冷凝的传热过程不同于前面介绍的两侧均无相变的传热过程。它在整个冷凝过程中温度保持不变。传热过程分两阶段完成:先冷凝再降温。在一般情况下,由于蒸汽冷凝所发出的热量要比凝液降温时所发出的热量大得多,所以为简化起见,就不考虑凝液降温所发出的那部分热量。当仅考虑蒸汽冷凝所发出的热量时,工艺介质吸收的热量应该等于蒸汽冷凝时放出的热量,因此其热量平衡方程式为

$$Q = G_1 c_1 (t_2 - t_1) = G_2 \cdot \lambda \tag{5-14}$$

式中,Q 为单位时间传递的热量;

　　G_1 为被加热介质流量;

　　G_2 为蒸汽流量;

c_1为被加热介质比热容；

t_1,t_2分别为被加热介质的入口、出口温度；

λ为蒸汽的汽化潜热。

传热速率方程式仍为

$$Q=G_2\lambda=KF\Delta t_m \tag{5-15}$$

式中，$K,F,\Delta t_m$的意义同式(5-11)。

如果被控变量是被加热介质的出口温度 t_2，我们可以考虑用控制进入的蒸汽流量 G_2 和通过改变冷凝液排出量以控制冷凝的有效面积 F 这两种方案。下面分别介绍。

1.控制蒸汽流量

在实际生产过程中，经常利用控制蒸汽流量来稳定被加热介质的出口温度。在这种控制方案中，假如蒸汽压力自身比较稳定，可采用图 5-21 所示的控制方案。而当阀前蒸汽压力有波动时，它会影响进入加热器的蒸汽流量，此时需要对蒸汽总管的压力进行控制。

2.控制换热器的有效换热面积

从传热速率方程式 $Q=KF\Delta t_m$ 来看，假如让传热系数和传热平均温差基本保持不变，那么改变传热面积也可以改变传热量，从而达到控制出口温度的目的。如图 5-22 所示，这

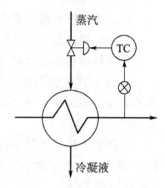

图 5-21　控制蒸汽流量的方案

种方案将控制阀装在凝液管线上，通过调节控制阀的开度来控制冷凝液的排出量。如果某种原因使得被加热物料出口温度高于给定值，表明传热量过大，此时可通过控制器的作用将凝液管线上的控制阀关小，蒸汽的凝液就会积聚起来，蒸汽冷凝的有效换热面积 F 就会减少，从而传热量也减少，工艺介质出口温度就会恢复到给定值上来；反之亦然。

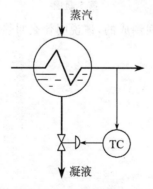

图 5-22　控制换热器的有效换热面积的方案图

在这种控制方案中，冷凝液积聚起来达到改变传热面积的过程是一个积分过程，因此调节起来比较迟钝，变化较缓慢。如果工艺介质温度偏离给定值，往往需要很长时间才能恢复到给定值。传热面积改变过程的滞后将降低控制质量，有时须设法克服。

上面介绍的控制蒸汽流量和控制换热器有效换热面积两种方案各有优缺点。控制蒸汽流量的方案，其优点是简单易行、过渡过程时间短、控制迅速；而其缺点是需用较大口径的蒸汽阀门、传热量变化比较剧烈，当凝液冷却到 100 ℃以下时，即常压时的沸点以下，蒸

汽的冷凝温度降低,加热器一侧会产生负压,造成冷凝液的排放不畅,不能均匀地传热。在控制凝液排出量的方案中,控制阀装在凝液排出管线上,蒸汽压力有保证,不会形成上一种方案中出现的负压;但它控制通道长、变化迟缓且需要有较大的传热面积富余量。由于传热过程变化缓慢,因此它可以防止局部过热,所以对一些过热后会引起化学变化的介质比较适用。另外,蒸汽冷凝后变成凝液,它的体积比蒸汽的体积小很多,那么控制系统中的阀门尺寸可以选小一点。

思考题

1.试述温度测量仪表的种类及其工作原理。

2.热电偶补偿导线的作用是什么? 在选择使用补偿导线时需要注意什么问题?

3.用热电偶测温时要进行冷端温度补偿,其冷端温度补偿的方法有哪几种?

4.用 K 热电偶测某设备的温度,测得的热电势为 20 mV,冷端(室温)为 25 ℃,求设备的温度。如果改用 E 热电偶来测温时,在相同的条件下,E 热电偶测得的热电势为多少?

5.测温系统如图所示。请说出这是工业上用的哪种温度计。已知热电偶的分度号为 K,但错用与 E 配套的显示仪表,当仪表指示为 160 ℃时,请计算实际温度 t_x 为多少度。(室温为 25 ℃)

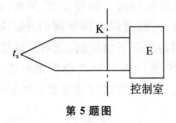

第 5 题图

6.热电偶是根据热电效应而制成的,请说明什么叫热电效应。

项目 6 分析复杂控制系统

[项目内容]

- 串级控制系统的设计；
- 其他复杂控制系统的设计。

[项目知识目标]

- 熟悉串级控制系统的结构和构成；
- 掌握串级控制系统的投运和参数整定方法；
- 理解复杂控制系统的结构特点及其适应的不同场合。

[项目能力目标]

- 能进行串级控制系统的投运和参数整定；
- 学会分析复杂控制系统的工作过程。

任务 6.1 分析串级控制系统

[任务描述]

简单控制系统设备投资少、维修、投运和整定较简单，而且生产实践证明它能解决大量的生产控制问题，因此已成为生产过程自动控制中最简单、最基本、应用最广的一种形式，在工厂中约占全部自动控制系统的 80%。然而，随着工业的发展，生产工艺的革新，生产过程的大型化和复杂化，必然导致对操作条件的要求更加严格、使变量之间的关系更加复杂。这些问题的解决都是简单控制系统所不能胜任的，因此，相应的就出现了一些与简单控制系统不同的其他控制形式。这些控制系统统称为复杂控制系统。本次任务是学习最常见的复杂控制系统——串级控制系统的结构、组成、投运和参数整定方法。

[任务目标]

熟悉串级控制系统的结构与组成、掌握串级控制系统的投运和整定方法，能进行串级控制系统的投运和参数整定，学会分析串级控制系统的工作过程。

一、串级控制系统概述

串级控制系统是在简单控制系统的基础上发展起来的，是所有复杂控制系统中应用最多的一种。当对象的滞后较大，干扰比较剧烈、频繁时，采用简单控制系统往往控制质量较差,不能满足工艺上的要求,可考虑采用串级控制系统。

管式加热炉是炼油、化工生产中重要的装置之一,无论是原油加热还是重油裂解,对加热炉出口温度的要求都十分严格。将温度控制好,一方面可延长炉子寿命,防止炉管烧坏;另一方面可保证后面精馏分离的质量。图 6-1 所示的一个管式加热炉温度控制系统。被加热原料的出口温度是该控制系统的被控变量,燃料量是该系统的操纵变量,这是一个简单控制系统。

在实际生产过程中,特别是当加热炉的燃料压力或燃料本身的热值有较大波动时,该简单控制系统的控制质量往往很差,原料油的出口温度波动较大,难以满足生产上的要求。

当燃料压力或燃料本身的热值变化后,先影响炉膛的温度,然后通过传热过程才能逐渐影响原料油的出口温度,这个通道容量滞后很大,时间常数 15 min 左右,反应缓慢,而温度控制器 TC 是根据原料油的出口温度与给定值的偏差工作的。所以当干扰作用在对象上后,并不能较快地产生控制作用以克服干扰对被控变量的影响。当工艺上要求原料油的出口温度非常严格时,为了解决容量滞后问题,还需对加热炉的工艺作进一步分析。

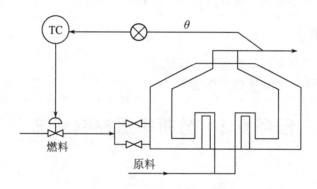

图 6-1 管式加热炉温度控制系统

管式加热炉内是一根很长的受热通道,它的热负荷很大。燃料在炉膛燃烧后,是通过炉膛与原料油的温差将热量传给原料油的,因此,燃料量的变化或燃料热值的变化首先使炉膛温度发生变化。那么,能否以炉膛温度作为被控变量组成单回路控制系统呢?这样做会使控制通道容量滞后减小,时间常数约为 3 min,控制作用比较及时。但是,炉膛毕竟不能真正代表原料油的出口温度,即使炉膛温度控制达到要求,其原料油的出口温度也不一定能满足生产的要求。这是因为即使炉膛温度恒定,原料油本身的流量或入口温度变化仍会影响其出口温度。

为了解决管式加热炉的原料油出口温度的控制问题,人们在生产实践中,往往根据炉膛温度的变化,先改变燃料量,然后根据原料油出口温度与其给定值之差,进一步改变燃料量,以保持原料油出口温度的恒定。这就构成了以原料油出口温度为主要被控变量的炉出口温度与炉膛温度的串级控制系统,如图 6-2 所示。图 6-2 中将管式加热炉对象分为两部分。一部分为受热管道,它的输出变量为原料油出口温度 θ_1。另一部分为炉膛及燃烧装置,它的输出变量为炉膛温度 θ_2。在这个控制系统中,有两个控制器 T_1C 和 T_2C,分别接收 θ_1 和 θ_2 的测量信号。其中,一个控制器 T_1C 的输出作为另一个控制器 T_2C 的给定值,而后者的输出,去控制执行器,以改变操纵变量。它的工作过程如下。在稳定工况下,原料油炉出口温度与炉膛温度都处于相对稳定的状态,控制燃料油的阀门保持在一定开度。假定在某一时刻,燃料油的压力或热值发生变化,这个干扰首先使炉膛温度 θ_2 发生变化,它的变化促使控制器 T_2C 进行工作,改变燃料的加入量,从而使炉膛温度的偏差随之减少。与此同时,由于炉膛温度的变化,或由于燃料油本身的进口流量或温度发生变化,会使原料油出口温度 θ_1 发生变化。θ_1 的变化不断地去改变控制器 T_2C 的给定值。这样,两个控制器协同工作,直到原料油的温度重新稳定在给定值时,控制过程才结束。

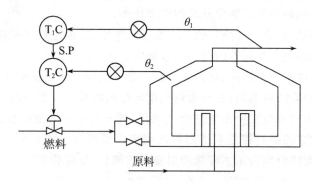

图 6-2　管式加热炉出口温度串级控制系统

图 6-3 是管式加热炉出口温度串级控制系统的方块图。根据信号传递的关系,图 6-3 中将管式加热炉对象分为两部分。一部分为受热管道,图上标为温度对象 1,它的输出变量为原料油出口温度 θ_1。另一部分为炉膛及燃烧装置,图上标为温度对象 2,它的输出变量为炉膛温度 θ_2。干扰 F_2 表示燃料油压力、组分等的变化,它通过温度对象 2 首先影响炉膛温度 θ_2,然后再通过温度对象 1 影响原料油的出口温度 θ_1,干扰 F_1 表示原料油本身的流量、进口温度等的变化,它通过温度对象 1 直接影响原料油出口温度 θ_1。

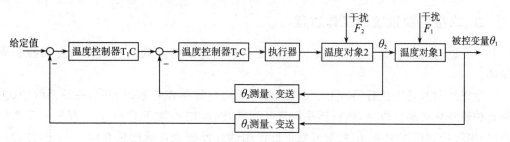

图 6-3　管式加热炉出口温度串级控制系统的方块图

从图 6-3 可以看出,在这个控制系统中,有两个控制器 T_1C 和 T_2C,分别接收来自对象不同部位的测量信号 θ_1 和 θ_2。其中,一个控制器 T_1C 的输出作为另一个控制器 T_2C 的给定值。而后者的输出去控制执行器以改变操纵变量。从系统的结构来看,这两个控制器是串接工作的,因此,这样的系统称为串级控制系统。

这里先介绍一下该控制系统的一些术语。

(1)主对象、副对象,也称主被控对象、副被控对象。主对象与副对象是由原被控对象分解而得到的。如上例,主对象是指从炉膛温度检测点到炉出口温度检测点的工艺生产设备,主要是指炉内原料油的受热管道,图 6-3 中标为温度对象 1。副对象是指执行器到炉膛温度检测点的工艺生产设备,主要是指燃料油燃烧装置及炉膛部分,图 6-3 中标为温度对象 2。

(2)主变量、副变量,也称为主被控变量、副被控变量。主变量是主被控对象的输出信号,副变量是副被控对象的输出信号,是原被控对象的某个中间变量,同时也是主被控对象的输入信号。主变量如上例中的炉出口温度 θ_1,副变量如上例中的炉膛温度 θ_2。

(3)主控制器、副控制器。副控制器负责副环中被控对象的调节任务,使副变量符合副给定值的要求;主控制器负责整个系统的调节任务。

(4)主给定值、副给定值。主给定值是主变量的期望值,由主控制器内部设定;副给定值是副变量的期望值,由主控制器的输出信号提供。

(5)主环、副环,也称为主回路、副回路。副环是由副变量的测量变送装置,副控制器、执行器和副对象所构成的内回路;主环为包括副环在内的整个控制系统。

根据前面所介绍的串级控制系统的专业术语,图 6-4 表示的是串级控制系统典型的方块图,各种具体对象的串级控制系统都可以用该典型的方块图表示。图 6-4 中的主测量、变送和副测量、变送分别表示主变量和副变量的测量、变送装置。

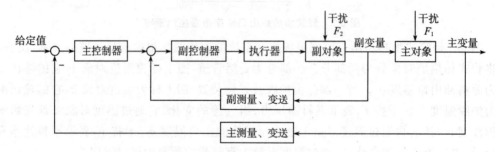

图 6-4 串级控制系统典型方块图

二、串级控制系统的工作过程

下面以管式加热炉为例,来说明串级控制系统是如何有效地克服滞后提高控制质量的。

串级控制系统中执行器气开、气关的选择原则与简单控制系统相同,在该系统中,为防止炉管烧坏而酿成事故,执行器采用气开形式,温度控制器 T_1C 和 T_2C 都采用反作用方向(串级控制系统中主、副控制器的正反作用的选择原则在后面再介绍)。下面针对不同情况来分析该系统的工作过程。

1. 干扰作用于副回路

当系统的干扰只是燃料油的压力或组分波动时,也就是在图 6-3 所示的方块图中,干扰 F_1 不存在,只有 F_2 作用在温度对象 2 上。燃料油的热值增加,首先引起炉膛温度 θ_2 升高,因为有滞后,θ_1 的温度暂时不变。这时,温度控制器 T_2C 的测量值升高,但给定值 X_2 不变,$e_2 = \theta_2 - X_2$,所以 e_2 升高,控制器 T_2C 因为是反作用方向,所以其输出 P_2 下降,执行器阀门开度关小,克服燃料油热值增加的影响。

由于副回路控制通道短,时间常数小,所以当干扰只进入副回路时,可以获得比单回路控制系统超前的控制作用。即使干扰量较大,影响到了原料油出口温度 θ_1,但因为大部分的影响已经为副回路所克服,这种影响也已经是强弩之末了,主回路再进一步控制,就会彻底消除该干扰的影响,使被控变量恢复到给定值。

2. 干扰作用于主对象

假如在某一时刻原料油的流量增加。这首先会引起原料油的出口温度 θ_1 降低。这时温度控制器 T_1C 的给定值 X_1 不变,$e_1 = \theta_1 - X_1$,所以偏差 e_1 减少,控制器 T_2C 的输出 P_1 增加,对于温度控制器 T_2C 的给定值 X_2 也就是 p_1 增加,测量值 θ_2 不变,所以 e_2 减少,控制器的输出 P_2 增加,执行器阀门开度开大,克服原料油流量增加的干扰。在整个控制过程中,温度控制器 T_2C 的给定值不断变化,要求炉膛温度 θ_2 也随之不断变化。所以如果干扰作用于主对象,由于副回路的存在,可以及时改变副变量的数值,以达到稳定主变量的目的。

3. 干扰同时作用于副回路和主回路

对此分两种情况进行分析。

一种是在干扰作用下,主副变量的变化方向相同,即同时增加或同时减少。比如在上述串级控制系统中,一方面由于燃料油热值增加,使炉膛温度 θ_2 增加,同时由于原料油流量减少,导致原料油出口温度 θ_1 增加。

这时主控制器 T_1C,由于 θ_1 增加,而给定值 X_1 不变,所以输出 P_1 减少,对于副控制器 T_2C,θ_2 增加,X_2 也就是 P_1 减少,所以 P_2 的输出大大减少,执行器的阀门开度很小,大大减少了燃料供给量,直至主变量 θ_1 回复到给定值为止。由于此时主副控制器的工作都是使执行器阀门开度变小,所以加强了控制作用,加快了控制过程。

另一种情况是主、副变量的变化方向相反,一个增加,一个减少。一方面加入的燃料油热值升高,使炉膛温度 θ_2 升高;另一方面原料油的流量增加,导致原料油的出口温度 θ_1 降低。

这时主控制器 T_1C,由于 θ_1 减少,而给定值 X_1 不变,所以输出 P_1 增加,对于副控制器 T_2C,θ_2 增加,X_2 也就是 P_1 也增加,所以 P_2 的输出变化不大或基本不变,执行器的阀门动作很小或不动作,即可使系统达到稳定。

在串级控制系统中,由于引入一个闭合的副回路,不仅能迅速克服作用于副回路的干扰,而且对作用于主对象上的干扰也能加速克服过程。副回路具有先调、粗调、快调的特点;主回路具有后调、细调、慢调的特点,并对于副回路没有完全克服掉的干扰影响能彻底加以克服。因此,在串级控制系统中,由于主、副回路相互配合、相互补充,充分发挥了控制作用,大大提高了控制质量。

三、串级控制系统的特点

综上所述,串级控制系统有如下特点。

(1)系统结构上有两个闭合回路,两个控制器,两个测量变送器。

在串级控制系统中,主、副控制器是串联工作的。主控制器的输出作为副控制器的给定值,系统通过副控制器的输出去操纵执行器动作,实现对主变量的定值控制。所以在串级控制系统中,主回路是定值控制系统,副回路是随动控制系统。

（2）有两个变量：主变量和副变量。

主变量一般是反映产品质量或生产过程运行情况的主要工艺变量，其选择原则与简单控制系统中被控变量的选择原则是一样的。

（3）在系统特性上，由于副回路的引进，改善了对象特性，使控制过程加快，具有超前控制的作用，从而有效地克服滞后，提高了控制质量。

（4）串级控制系统的副回路为随动系统，具有一定的自适应能力，可用于负荷和操作条件有较大变化的场合。

四、实际应用

下面从串级控制系统中副回路的确定、主控、副控制器控制规律的选择以及主、副控制器正反作用的选择三个方面，来说明串级控制系统在实际应用过程中的注意事项。

（一）串级控制系统中副回路的确定

副回路的确定实际上就是根据生产工艺的具体情况，选择一个合适的副变量，从而构成一个以副变量为被控变量的副回路。

为了充分发挥串级系统的优势，副回路的确定应考虑如下一些原则。

1. 主变量和副变量间应有一定的内在联系

一类情况是，选择与主变量有一定关系的某一中间变量作为副变量。如前面讲过的管式加热炉的例子。选择的副变量是燃料进入量至原料油出口温度通道中间的一个变量，即炉膛温度。由于它滞后小，反应快，可以提前预报主变量 θ_1 的变化。因此，控制炉膛温度对平稳原料油出口温度 θ_1 波动有显著作用。

另一类选择的副变量就是操纵变量本身，这样能及时克服它的波动，减小对主变量的影响。如图 6-5 是精馏塔塔釜温度串级控制系统示意图。为保证塔釜产品的分离纯度，要求塔釜温度稳定。通常采用进入再沸器的蒸汽的流量作为操纵变量来克服干扰对塔釜温度的影响。但是，由于温度对象滞后比较大，控制通道比较差。当蒸汽压力波动比较厉害时，控制不及时，控制质量就比较差。为解决这个问题，就采用了如图 6-4 精馏塔塔釜温度与蒸汽流量的串级控制系统。在该串级控制系统中选择的副变量就是操纵变量（加热蒸汽量）本身。这样，当干扰来自蒸汽压力或流量的波动时，副回路能及时加以克服，以大大减少这种干扰对主变量的影响，使塔釜温度的控制质量得以提高。

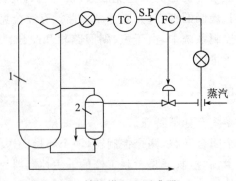

1—精馏塔；2—再沸器

图 6-5 精馏塔塔釜温度串级控制系统

2.要使主要干扰包围在副回路内

在确定副变量时,一方面要将对主变量影响最严重、变化最剧烈的干扰包围在副回路内,另一方面又要使副对象的时间常数很小,这样就能充分利用副回路的快速抗干扰能力,将干扰的影响抑制在最低限度。

如在管式加热炉中,如果主要干扰来自燃料油的压力波动,则可以设置图 6-6 所示的加热炉原料油出口温度与燃料油压力串级控制系统。在这个系统中,由于选择了燃料油压力作为副变量,副对象的控制通道很短,时间常数小,因此控制作用非常及时,比图 6-2 所示的控制方案更能及时有效地克服由于燃料油压力波动对原料油出口温度的影响,从而大大提高了控制质量。如果燃料油的压力比较稳定,而燃料油的组分波动较大,那么,该图串级控制系统的副回路作用就不大。

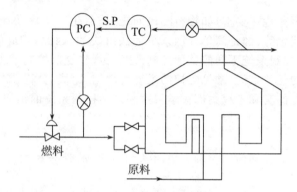

图 6-6　加热炉出口温度与燃料油压力串级控制系统

因此在确定副回路时,除了要考虑它的快速性外,还应该使副回路包括主要干扰,并力求包括较多的次要干扰。

(二)主控、副控制器控制规律的选择

为了高精度地稳定主变量,主控制器通常都选用比例积分控制规律,以实现主变量的无差控制。有时,对象控制通道容量滞后比较大,例如温度对象或成分对象等,为了克服容量滞后,可以选择比例积分微分控制规律。

副变量的给定值是随主控制器的输出变化而变化的,因此副控制器一般采用比例控制规律。

(三)主、副控制器正反作用的选择

1.副控制器作用方向的选择

串级控制系统中副控制器作用方向的选择,是根据工艺安全等要求,选定执行器的气开、气关形式后,按照使副回路成为一个负反馈系统的原则来确定。

管式加热炉温度-温度串级控制系统中副控制器作用方向的确定。

从工艺安全的角度考虑,当气源中断停止供给燃料油时,为避免烧坏加热炉,执行器选气开阀,为"正"方向。

燃料量加大时,炉膛温度 θ_2(副变量)增加,所以副对象为"正"方向。

为使副回路构成一个负反馈系统,副控制器 T_2C 应选择"反"作用方向。

2.主控制器作用方向的选择

当主、副变量增加(减小)时,如果由工艺分析得出,为使主、副变量减小(增加),要求控制阀的动作方向是一致的时候,主控制器应选"反"作用;反之,则应选"正"作用。

如管式加热炉温度-温度串级控制系统中,主变量 θ_1 或副变量 θ_2 增加时,都要求关小控制阀,减少供给的燃料量,才能使 θ_1 或 θ_2 降下来,所以此时主控制器 T_1C 应确定为反作用方向。

任务6.2　分析其他复杂控制系统

[任务描述]

生产过程中的某些特殊要求,如物料配比问题、前后生产工序协调问题、为了生产安全而采取的软保护问题等,都是简单控制系统无法解决的,因此,相应的就出现了一些与简单控制系统、串级控制系统不同的其他控制形式。这些复杂控制系统种类繁多,根据系统的结构和所担负的任务来说,常见的控制系统有均匀、比值、分程、前馈等控制系统。本次任务通过一些典型的实际工程案例去学习这些复杂控制系统的结构与组成。

[任务目标]

熟悉均匀、比值、分程和前馈控制系统的结构与组成,学会均匀、比值、分程和前馈等控制系统的工作过程。

[相关知识]

一、均匀控制系统

(一)均匀控制的目的

在化工生产中,各生产设备都是前后紧密联系在一起的。前一设备的出料,往往是后一设备的进料,各设备的操作情况也是互相关联、相互影响的。图 6-7 所示的连续精馏中,甲塔的出料为乙塔的进料。精馏塔甲为保证精馏过程的正常进行,要求塔釜液位稳定,故设置液位控制系统;精馏塔乙希望进料流量稳定,故设置进料流量控制系统。但这两个控制系统是矛盾的,当甲塔液位升高时,液位控制器 LC 将发出信号开大塔底阀门1,这样又会引起乙塔进料的增加,流量控制器 FC 又将关小阀门2,导致前后塔在供求关系上产生矛盾。

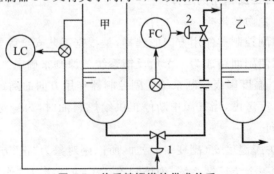

图 6-7　前后精馏塔的供求关系

　　解决矛盾的方法,可在两塔之间设置一个中间贮罐,既满足甲塔控制液位的要求,又缓冲了乙塔进料流量的波动;但是由此会增加设备,使流程复杂化。当物料易分解或聚合时,就不宜在贮罐中久存,故此法不能完全解决问题。不过,从这个方法可以得到启示:能不能通过自动控制来模拟中间贮罐的缓冲作用呢?

　　从工艺和设备上进行分析,塔釜有一定的容量;其容量虽不像贮罐那么大,但是液位并不要求保持在定值上,允许在一定的范围内变化。至于乙塔的进料,如不能做到定值控制,但能使其缓慢变化对乙塔的操作也是很有益的,较之进料流量剧烈的波动则改善了很多。为了解决前后工序供求矛盾,达到前后兼顾协调操作,使液位和流量均匀变化,为此组成的系统称为均匀控制系统。

　　均匀控制通常是对液位和流量两个变量同时兼顾,通过均匀控制,使两个相互矛盾的变量达到下列要求。

　　1.两个变量在控制过程中都应该是变化的,且变化是缓慢的

　　因为均匀控制是指前后设备的物料供求之间的均匀。那么,表征前后供求矛盾的两个变量都不应该稳定在某一固定的数值。图6-8a中把液位控制成比较平稳的直线,因此下一设备的进料量必然波动很大,这样的控制过程只能看作是液位的定值控制,而不能看作是均匀控制;反之,图6-8b中把后一设备的进料量控制成比较平稳的直线,那么前一设备的液位就必然波动得很厉害,所以,它只能看作是流量的定值控制。只有图6-8c所示的液位和流量的控制曲线才符合均匀控制的要求,两者都有一定程度的波动,但波动得都比较缓慢。

　　2.前后互相联系又互相矛盾的两个变量应保持在允许的范围内波动

　　图6-7中,甲塔塔釜液位的升降变化不能超过所规定的上下限,否则就有淹过再沸器蒸汽管或被抽干的危险。同样,乙塔进料流量也不能超越它所能承受的最大负荷或低于最小处理量,否则就不能保证精馏过程的正常进行。为此,均匀控制的设计必须满足这两个限制条件。当然,这里的允许波动范围比定值控制过程的允许偏差要大得多。

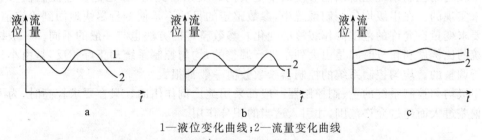

1—液位变化曲线;2—流量变化曲线

图6-8　前一设备的液位和后一设备的进料量之关系

(二)均匀控制方案

1.简单均匀控制

　　图6-9所示为简单均匀控制系统。外表看起来与简单的液位定值控制系统一样,但系统设计的目的不同。定值控制是通过改变排出流量来保持液位为给定值,而简单均匀控制是为了协调液位与排出流量之间的关系,允许它们都在各自许可的范围内作缓慢的变化。

简单均匀控制系统如何能够满足均匀控制的要求呢？这是通过控制器的参数整定来实现的。简单均匀控制系统中的控制器一般都是纯比例作用的，比例度的整定不能按4∶1(或10∶1)衰减振荡过程来整定，而是将比例度整定得很大，以使当液位变化时，控制器的输出变化很小、排出流量只作微小缓慢的变化。有时为了克服连续发生的同一方向干扰所造成的过大偏差，防止液位超出规定范围，则引入积分作用。这时，比例度一般大于100％，积分时间也要放得大一些。至于微分作用，是和均匀控制的目的背道而驰的，故不采用。

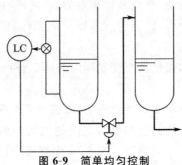

图 6-9　简单均匀控制

2. 串级均匀控制

简单均匀控制方案虽然结构简单，但有局限性。当塔内压力或排出端压力变化时，即使控制阀开度不变，流量也会随阀前后的压差变化而改变，等到流量改变影响到液位变化后，液位控制器才进行控制，显然这是不及时的。为了克服这一缺点，可在原方案的基础上增加一个流量副回路，即构成串级均匀控制。图 6-10 是其原理图。从图 6-10 中可以看出，在系统结构上它与串级控制系统是相同的。液位控制器 LC 的输出，作为流量控制器 FC 的给定值，用流量控制器的输出来操纵执行器。由于增加了副回路，可以及时克服由于塔内或排出端压力改变所引起的流量变化。这些都是串级控制系统的特点。但是，由于设计这一系统的目的是为了协调液位和流量两个变量的关系，使之在规定的范围内作缓慢的变化，所以本质上是均匀控制。

串级均匀控制系统之所以能够使两个变量间的关系得到协调，也是通过控制器参数整定来实现的。在串级均匀控制系统中，参数整定的目的不是使变量尽快地回到给定值，而是要求变量在允许的范围内作缓慢的变化。参数整定的方法也与一般的不同。一般控制系统的比例度和积分时间是由大到小进行调整的；均匀控制系统却正好相反，是由小到大进行调整的。均匀控制系统的控制器参数数值一般都很大。

串级均匀控制系统的主、副控制器一般都采用纯比例作用的。只在要求较高时，为了防止偏差过大而超过允许范围，才引入适当的积分作用。

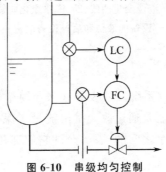

图 6-10　串级均匀控制

二、比值控制系统

(一)概述

在化工、炼油及其他工业生产过程中,工艺上常需要两种或两种以上的物料保持一定的比例关系,比例一旦失调,将影响生产或造成事故。例如在锅炉燃烧过程中,需要保持燃料量和空气按一定的比例进入炉膛,才能提高燃烧过程的经济性;许多化学反应的各个进料都是要保持一定比例的。

实现两个或两个以上参数符合一定比例关系的控制系统,称为比值控制系统。通常为流量比值控制系统。

在需要保持比值关系的两种物料中,必有一种物料处于主导地位,这种物料称之为主物料,表征这种物料的参数称之为主动量,用 Q_1 表示。由于在生产过程控制中主要是流量比值控制系统,所以主动量也称为主流量;而另一种物料按主物料进行配比,在控制过程中跟随主物料变化而变化,称为从物料。表征从物料特性的参数,称为从动量(或副流量),用 Q_2 表示。有些场合,用不可控物料为主物料,用改变可控物料即从物料来实现比值关系。比值控制系统就是要实现从动量与主动量成一定的比值关系,满足如下关系式

$$K = Q_2 / Q_1$$

式中,K 为副流量与主流量的流量比值。

(二)比值控制系统的类型

比值控制系统可分为开环比值控制系统、单闭环比值控制系统、双闭环比值控制系统等类型。

1.开环比值控制系统

开环比值控制系统是最简单的比值控制方案;图 6-11 是其原理图,其中 Q_1 是主流量,Q_2 是副流量。当 Q_1 变化时,通过控制器 FC 及安装在从物料管道上的执行器,来控制 Q_2,以满足 $Q_2 = KQ_1$ 的要求。

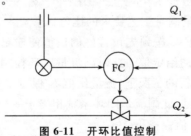

图 6-11　开环比值控制

图 6-12 是开环比值控制系统的方块图。从图 6-12 中可以看到,该系统的测量信号取自主物料 Q_1,但控制器的输出却去控制从物料的流量 Q_2,整个系统没有构成闭环,所以是一个开环系统。

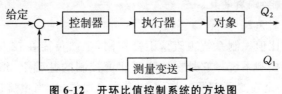

图 6-12　开环比值控制系统的方块图

这种方案的优点是结构简单,只需要一台纯比例控制器,其比例度可以根据比值要求来设定;主、副流量均开环;这种比值控制方案对副流量 Q_2 本身无抗干扰能力。所以,这种系统只能适用于副流量较平稳且比值要求不高的场合。

2. 单闭环比值控制系统

为了克服开环比值控制方案的不足,在开环比值控制系统的基础上,通过增加一个副流量的闭环控制系统,组成单闭环比值控制系统(图 6-13)。

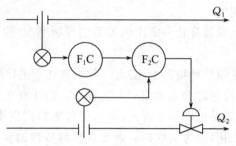

图 6-13　单闭环比值控制

图 6-14 是该系统的方块图。单闭环比值控制系统与串级控制系统具有相似的结构形式,但两者是不同的。单闭环比值控制系统的主流量 Q_1 相当于串级控制系统中的主变量,但主流量并没有构成闭环系统,Q_2 的变化并不影响到 Q_1。尽管它亦有两个控制器,但只有一个闭合回路,这就是两者的根据区别。

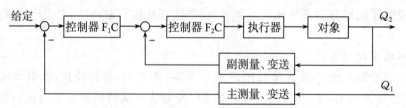

图 6-14　单闭环比值控制系统方块图

在稳定情况下,主、副流量满足工艺要求的比值:$Q_2/Q_1 = K$。当主流量 Q_1 变化时,经变送器送至主控制器 F_1C。F_1C 按预先设置好的比值使输出成比例地变化,也就是成比例地改变副流量控制器 F_2C 的给定值。此时副流量闭环控制系统为一个随动控制系统,从而 Q_2 跟随 Q_1 变化,使得在新的工况下,流量比值 K 保持不变。当主流量没有变化而副流量由于自身干扰发生变化时,此副流量闭环系统相当于一个定值控制系统,通过控制克服干扰,使工艺要求的流量比值保持不变。

单闭环比值控制系统的优点是它能实现副流量随主流量的变化而变化,还可以克服副流量本身干扰对比值的影响。结构简单,实施方便,尤其适用于主物料在工艺上不允许进行控制的场合。虽然能保持两物料量比值一定,但由于主流量是不受控制的,当主流量变化时,总的物料量就会跟着变化。

3. 双闭环比值控制系统

为了克服单闭环比值控制系统主流量不受控制,生产负荷在较大范围内波动的不足而设计了双闭环比值控制系统。它是在单闭环比值控制的基础上,增加了主流量控制回路而构成的。图 6-15 是它的原理图。从图 6-15 中可以看出,当主流量 Q_1 变化时,一方面

通过主流量控制器 F_1C 对它进行控制，另一方面通过比值控制器 K 乘以适当的系数后作为副流量控制器 F_2C 的给定值，使副流量跟随主流量的变化而变化。

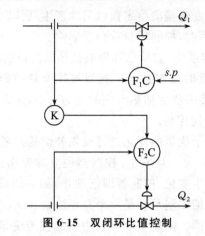

图 6-15　双闭环比值控制

图 6-16 是双闭环比值控制系统的方块图。由图 6-16 可以看出，该系统具有两个闭合回路，分别对主、副流量进行定值控制。同时，由于比值控制器 K 的存在，使得主流量由受到干扰作用开始到重新稳定在给定值这段时间内，副流量能跟随主流量的变化而变化。

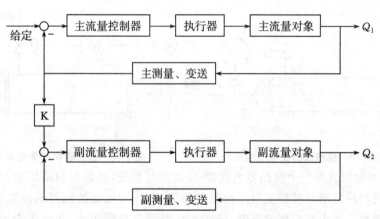

图 6-16　双闭环比值控制系统方块图

双闭环比值控制系统的特点是实现了比较精确的流量比值，也确保了两物料总量基本不变。提降负荷比较方便，只要缓慢地改变主流量控制器的给定值，就可以提降主流量，同时副流量也能自动跟踪提降并保持两者比值不变；但是结构较复杂，使用的仪表较多，投资较大，系统调整较麻烦，因此主要适用于主流量干扰频繁、工艺上不允许负荷有较大波动或工艺上经常需要提降负荷的场合。

三、前馈控制系统

在多数控制系统中，控制器是按照被控变量相对于给定值的偏差进行工作的。控制作用影响被控变量，而被控变量的变化又返回来影响控制器的输入，使控制作用发生变化。这些控制系统都属于反馈控制。不论什么干扰，只要引起被控变量变化，都可以进行控制,这是反馈控制的优点。如在图 6-17 所示的换热器出口温度的反馈控制中,所有影响到出口温度的因素都可以通过反馈控制来克服。但是在这样的系统中,控制信号总是在干扰已经造成影响且被控变量偏离给定值以后才产生,所以控制作用总是不及时;特别是干扰频繁,对象有较大滞后时,控制质量就会受影响。

如图 6-16 中所示的控制系统,如果已知影响换热器出口物料温度变化的主要干扰是进口物料流量的变化,为了及时克服这一干扰对被控变量的影响,可以设置一个控制系统,根据进料流量的变化直接去改变加热蒸汽的量的大小,这就是所谓的"前馈"控制。图 6-18 所示的就是换热器的前馈控制。

前馈控制是指一种能对干扰量的变化进行预先补偿的控制系统。前馈控制一般按干扰的大小和性质进行控制,干扰一旦发生,控制器便立即发出控制作用来补偿干扰的影响。干扰尚未使被控变量发生变化,控制器即已动作,如果能设计到恰到好处,被控变量有可能不发生变化。其实前馈控制系统是一个开环控制系统,不能控制被控变量的变化,只能对干扰量的变化进行补偿。但是工业对象中引起被控变量变化的干扰很多,不可能每个干扰都加一前馈补偿装置,只能选其中一两个主要的,其他的还是会使被控变量发生偏差。而反馈控制系统是按照测量与给定之间的偏差进行调节的,是闭环控制系统。所以在对象的滞后大或干扰幅度大、频繁时,常将前馈和反馈控制结合起来,用"前馈"来克服主要干扰,再用"反馈"来克服其他干扰,组成"复合"的前馈-反馈控制系统。

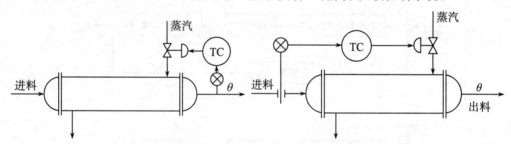

图 6-17　换热器的反馈控制　　　　图 6-18　换热器的前馈控制

图 6-19 所示的就是一个换热器的前馈-反馈控制系统,在该控制系统中,用前馈控制来克服由于进料量波动对被控变量出料温度的影响,而用温度控制器的控制作用来克服其他干扰对被控变量出料温度的影响,前馈与反馈控制作用相加,共同改变加热蒸汽量,以使出料温度维持在给定值上。

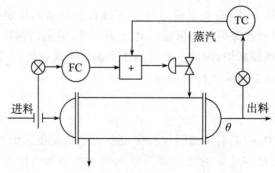

图 6-19　换热器的前馈-反馈控制

四、分程控制系统

(一)概述

在简单控制系统中,通常都是一台控制器的输出只控制一台执行器。特殊情况下,一台控制器的输出,可以控制两台或多台控制阀。控制器的输出信号,被分割成若干个信号范围段,由每一段信号去控制一台控制阀,由于是分段控制,故取名分程控制系统。

分程控制系统方框图如图 6-20 所示。

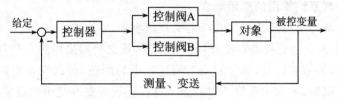

图 6-20　分程控制系统方框图

分程控制系统中控制器输出信号的分段一般是由附设在控制阀上的阀门定位器来实现的。如果在分程控制系统中,采用了两台分程阀,在图 6-20 中分别为控制阀 A 和控制阀 B。将执行器的输入信号 20～100 kPa 分为两段,要求 A 阀在 20～60 kPa 信号范围内做全行程动作(由全关到全开或全开到全关);B 阀在 60～100 kPa 信号范围内做全行程动作。那么,就可以对附设在控制阀 A、B 上的阀门定位器进行调整,使控制阀 A 在 20～60 kPa 的输入信号下走完全行程,使控制阀 B 在 60～100 kPa 的输入信号下走完全行程。这样一来,当控制器输出信号在小于 60 kPa 范围内变化时,就只有控制阀 A 随着信号压力的变化改变自己的开度,而控制阀 B 则处于某个极限位置(全开或全关),其开度不变。当控制器输出信号在 60～100 kPa 范围内变化时,控制阀 A 则处于极限位置,控制阀 B 的开度随着信号大小的变化而变化。

分程控制系统就控制阀的开、关形式,可以划分为两类:一类是两个控制阀同向动作,如图 6-21 所示,随控制器输出信号的增大或减小,两控制阀都开大或关小;另一类是两个控制阀异向动作,如图 6-22 所示,即随着控制器输出信号的增大或减小,一个控制阀开大,另一个控制阀关小。

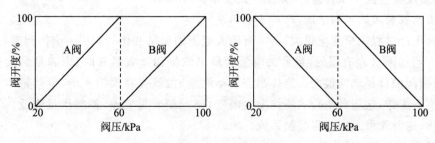

图 6-21　两阀同向动作

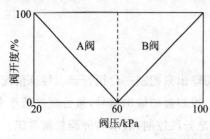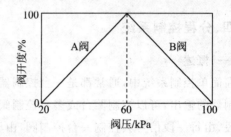

图 6-22 两阀异向动作

(二)分程控制系统常用的应用场合

1.用于控制两种不同介质以满足工艺生产的要求

图 6-23 所示为一热交换器温度分程控制系统,该交换器采用热水与蒸汽两种不同物料作为调节介质,为节省能源,尽量利用工艺过程中的废热,所以只是在热水不足以使物料温度达到规定值时,才利用蒸汽予以补充。这在一般控制系统中难以实现,但分程控制系统可以轻松达到要求。

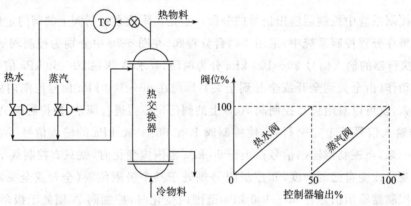

图 6-23 热交换器温度分程控制   图 6-24 阀门动作示意图

在该分程控制方案中采用了热水阀和蒸汽阀(假定根据工艺要求均选择气开阀)。其中,热水阀在控制器输出为 0~50%时,从全关到全开,蒸汽阀在控制器输出为 50%~100%时,从全关到全开。这样,在物料温度要求低时,只通过热水阀开度的变化来进行控制(图 6-24)。当物料温度要求高时,热水阀全开仍满足不了温度的需求时,蒸汽阀也逐渐打开,温度就会进一步升高,满足生产的要求。

2.用来控制阀的可调范围,改善控制品质

有时生产过程负荷变化很大,要求有较大范围的流量变化。若用一个控制阀,由于控制阀的可调范围 R 是有限的,当最大流量和最小流量相差太悬殊时,为满足最大流量的需求,控制阀的口径就要很大。这样当需要小流量时,就要将阀门关小,也就是控制阀只在小开度下工作,这就会使阀的特性发生畸变,使控制效果变差,控制质量降低。为解决这一矛盾,这时就可采用分程控制系统。

3.用作生产安全的防护措施

有些生产过程在接近事故状态或某个参数达到极限值时,应当改变正常的控制手段,采用补充手段或放空来维持安全生产。一般控制系统很难兼顾正常与事故两种不同状态。

采用分程控制系统,用不同的阀门,分别使用在控制器输出信号的不同范围内,就可保证在正常或事故状态下,系统都能安全运行。

例如,在各种炼油或石油化工厂中,有许多存放各种油品或石油化工产品的贮罐。这些油品或石油产品不宜与空气长期接触,因为空气中的氧气会使油品氧化而变质,甚至引起爆炸。为此,常常在贮罐上方充以惰性气体氮气,以使油品与空气隔绝,通常称之为氮封。

这里需要考虑的一个问题就是贮罐中物料量的增减会导致氮封压力的变化。当抽取物料时,氮封压力会下降,如不及时向贮罐中补充氮气,贮罐就会有被吸瘪的危险;而当贮罐中加料时,氮封压力会上升,贮罐就可能鼓坏。为了维持氮封压力,可采用图 6-25 所示的分程控制方案。

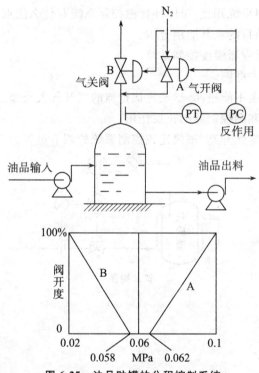

图 6-25 油品贮罐的分程控制系统

该系统的工作情况分析如下。系统工作以前,假定将控制器的控制点压力(即偏差等于 0 时的控制器输出)调整为 0.06 MPa,当向储罐内注油而使储罐压力升高时,则出现正偏差,因为压力控制器是反作用,它的输出将减少而低于 0.06 MP,这时 A 阀全关,B 阀随着控制器输出的减小而逐渐打开,罐中的一部分氮气将通过放空管放空,于是储罐内的压力将逐渐下降。当从储罐内抽油而使储罐内压力下降时,则出现负偏差,压力控制器是反作用,它的输出将增大而高于 0.06 MP,这时,B 阀是全关的,A 阀随着控制器输出的增大而逐渐打开,于是氮气被补充到储罐中,提高了储罐的压力。因此,通过 A/B 两分程阀动作的结果,不论是向罐内注油还是抽油,都能使罐内的压力保持不变。

为了防止贮罐内压力在给定值附近变化时 A、B 两阀的动作过于频繁,可在两阀信号交接处设置一个不灵敏区,如设置 0.058~0.062 MPa 之间为不灵敏区。这样,当控制器的输出在 0.058～0.062 MPa 之间变化时，A、B 两阀都处于全关的位置不动。留有这样一个不灵敏区之后，将会使控制过程变化趋于缓慢，系统更为稳定。

思考题

1.什么叫串级控制？画出一般串级控制系统的典型方框图。

2.简述串级控制系统的特点及其使用场合。

3.串级控制系统中主、副变量应如何选择？

4.简述均匀控制的目的及控制方案。

5.简述比值控制的目的及控制方案。

6.与开环比值控制系统相比，单闭环比值控制系统有什么优点？

7.试述分程控制的目的及其适用范围。

8.如图所示为某反应器温度控制系统。

(1)画出控制系统方框图。

(2)如果反应器温度不能过高，试确定执行器的气开气关类型。

(3)确定主控制器和副控制器的正反作用。

(4)若冷却水压力突然升高，试简述该控制系统的调节过程。

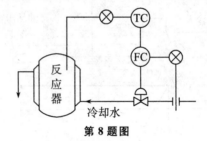

第 8 题图

项目 7　设计精馏塔控制系统

［项目内容］

- 分析精馏塔控制系统；
- 设计精馏塔控制系统。

［项目知识目标］

- 掌握精馏塔被控变量和操纵变量的选择；
- 理解精馏塔物料平衡和能量平衡控制的目标。

［项目能力目标］

- 能根据要求完成精馏塔质量和非质量控制系统的方案设计。

任务 7.1　分析精馏塔控制系统

［任务描述］

精馏塔是化工生产中典型的单元设备,工艺复杂,操作步骤多,影响生产的因素多。本次任务是根据精馏塔的生产和安全要求,选择合适的被控变量和操纵变量。

［任务目标］

了解精馏塔的结构和工作原理,掌握精馏塔被控变量和操纵变量的选择原则。

［相关知识］

精馏塔是化工生产中典型的单元设备。精馏过程中,气液两相通过逆流接触,进行相际传热传质。液相中的易挥发组分进入气相,气相中的难挥发组分转入液相,于是在塔顶可得到几乎纯的易挥发组分,塔底可得到几乎纯的难挥发组分。料液从塔的中部加入,进料口以上的塔段,把上升蒸气中易挥发组分进一步增浓,称为精馏段;进料口以下的塔段,从下降液体中提取易挥发组分,称为提馏段。从塔顶引出的蒸气经冷凝,一部分凝液作为回流液从塔顶返回精馏塔,其余馏出液即为塔顶产品。塔底引出的液体经再沸器部分气化,蒸气沿塔上升,余下的液体作为塔底产品。为保证精馏塔产品质量和生产安全,下面我们通过被控变量和操纵变量的选择来初步分析精馏塔控制系统。

一、被控变量选择

生产过程中希望借助自动控制保持恒定值（或按一定规律变化）的变量称为被控变量。

被控变量的选择与生产工艺密切相关，要深入实际，分析工艺，找出影响生产的关键变量作为被控变量。所谓关键"变量"是指这样的一些变量：它们对产品的产量、质量以及安全具有决定性的作用，而人工操作又难以满足要求的；或人工操作虽然可以满足要求，但是，这种操作是既紧张而又频繁的。

根据被控变量与生产过程的关系，可分为两种类型的控制形式：直接指标控制和间接指标控制。如果被控变量本身就是需要控制的工艺指标（温度、压力、流量、液位等），则称为直接指标控制；如果工艺是按质量指标进行操作的，照理应以产品质量作为被控变量进行控制，但有时缺乏各种合适的获取质量信号的检测手段，或者虽能检测但信号很微弱或滞后很大，这时可选取与直接质量指标有单值对应关系而反应又快的另一变量，如温度、压力等作为间接控制指标，进行间接指标控制。

被控变量的选择，是一件十分复杂的工作，除了前面所说的要找出关键变量外，还要考虑许多其他因素。下面以精馏塔为例，分析如何选择被控变量。

如图 7-1 所示，它的工作原理是利用混合物各组分的挥发度不同，从而进行分离。假定该精馏塔的操作是要塔顶（或塔底）馏出物达到规定的纯度，那么塔顶（或塔底）馏出物的组分 $x\mathrm{D}$（或 $x\mathrm{w}$）应作为被控变量，因为它就是工艺上的质量指标。

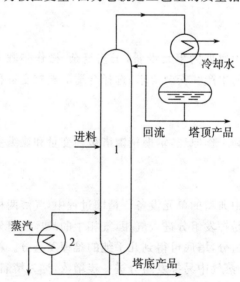

1—精馏塔；2—蒸汽加热器；3—冷凝器；4—回流罐

图 7-1　精馏过程示意图

如果测量 $x\mathrm{D}$（或 $x\mathrm{w}$）尚有困难，或滞后太大，那么就不能直接以 $x\mathrm{D}$（或 $x\mathrm{w}$）作为被控变量进行直接指标控制。这时，可以在与 $x\mathrm{D}$（或 $x\mathrm{w}$）有关的参数中找出合适的变量作为被控变量，进行间接指标控制。

在二元系统的精馏中,当气、液两相并存时,塔顶易挥发组分的浓度 x_D、塔顶温度 T、压力 p 三者之间有一定的关系。当压力恒定时,组分 x_D 和温度 T 之间存在有单值对应的关系。图 7-2 所示为苯、甲苯二元系统中易挥发组分苯的质量分数与温度之间的关系。易挥发组分的质量分数浓度越高,对应的温度越低;相反,易挥发组分的浓度越低,对应的温度越高。

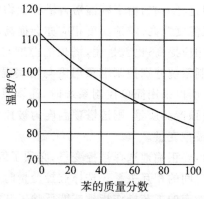

图 7-2　苯-甲苯溶液的 T-x 图

当塔顶温度 T 恒定时,组分 x_D 和压力 p 之间也存在着单值对应关系,如图 7-3 所示。易挥发组分浓度越高,对应的压力也越高;反之,易挥发组分的浓度越低,对应的压力也越低。由此可见,在组分、温度、压力三个变量中,只要固定温度或压力中的一个,另一个变量就可以代替 x_D 作为被控变量。在温度和压力中,究竟应选哪一个参数作为被控变量呢?

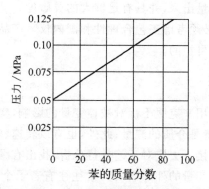

图 7-3　苯-甲苯溶液的 p-x 图

从工艺合理性考虑,常常选择温度作为被控变量,原因如下。

第一,在精馏塔操作中,压力往往需要固定。只有将塔操作在规定的压力下,才能保证塔的分离纯度,保证塔的效率和经济性。如塔压波动,就会破坏原来的气液平衡,影响相对挥发度,使塔处于不良工况。同时,随着塔压的变化,往往还会引起与之相关的其他物料量的变化,影响塔的物料平衡,引起负荷的波动。

第二,在塔压固定的情况下,精馏塔各层塔板上的压力基本上是不变的,这样各层塔板上的温度与组分之间就有一定的单值对应关系。

由此可见,固定压力,选择温度作为被控变量是可能的,也是合理的。

在选择被控变量时,还必须使所选变量有足够的灵敏度。在上例中,当 x_D 变化时,温度 T 的变化必须灵敏,有足够大的变化,容易被测量元件所感应,相应的测量仪表比较简单、便宜。

此外,还要考虑简单控制系统被控变量间的独立性。假如在精馏操作中,塔顶和塔底的产品纯度都需要控制在规定的数值,据以上分析,可在固定塔压的情况下,塔顶与塔底分别设置温度控制系统。但这样一来,由于精馏塔各塔板上物料、温度相互之间有一定联系,塔底温度提高,上升蒸汽温度升高,塔顶温度相应亦会提高;同样,塔顶温度提高,回流液温度升高,会使塔底温度相应提高;也就是说,塔顶的温度与塔底的温度之间存在关联问题。因此,以两个简单控制系统分别控制塔顶温度与塔底温度,势必造成相互干扰,使两个系统都不能正常工作。所以采用简单控制系统时,通常只能保证塔顶或塔底一端的产品质量。工艺要求保证塔顶产品质量,则选塔顶温度为被控变量;若工艺要求保证塔底产品质量,则选塔底温度为被控变量。

从上面例子中可以看出,要正确地选择被控变量,必须了解工艺过程和工艺特点对控制的要求,仔细分析各变量之间的相互关系。选择被控变量时,一般要遵循下列原则。

(1)被控变量应能代表一定的工艺操作指标或能反映工艺操作状态,一般都是工艺过程中比较重要的变量。

(2)被控变量在工艺操作过程中经常要受到一些干扰而变化。为维持被控变量的恒定,需要较频繁的调节。

(3)尽量采用直接指标作为被控变量,当无法获得直接指标信号,或其测量和变送信号滞后很大时,可选择与直接指标有单值对应关系的间接指标作为被控变量。

(4)被控变量应能被测量出来,并具有足够大的灵敏度。

(5)选择被控变量时,必须考虑工艺合理性和国内仪表产品现状。

(6)被控变量应是独立可控的。

二、操纵变量的选择

在自动控制系统中,把用来克服干扰对被控变量的影响,实现控制作用的变量称为操纵变量。最常见的操纵变量是介质的流量;此外,也有以转速、电压等作为操纵变量的。

当选定被控变量以后,接下去应对工艺进行分析,找出有哪些因素会影响被控变量的变化。一般来说,影响被控变量的外部输入因素往往有若干个,在这些外部输入因素中,有些是可控的,有些是不可控的。原则上是在诸多影响被控变量的输入中选择一个对被控变量影响显著而且可控性良好的输入作为操纵变量,而其他未被选中的所有输入量则视为系统的干扰。

如图 7-4 所示的精馏设备,如果根据工艺要求,选择提馏段某块塔板(一般为温度变化最灵敏的板,称为灵敏板)的温度作为被控变量。那么,自动控制系统的任务就是通过维持灵敏板上温度恒定,来保证塔底产品的成分满足工艺要求。

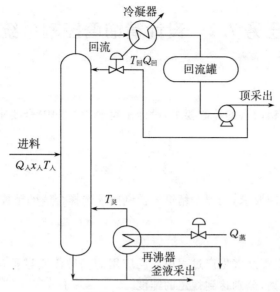

图 7-4　精馏塔流程图

从工艺分析可知,影响提馏段灵敏板温度($T_灵$)的因素(图 7-5)主要有:进料的流量($Q_入$)、成分($x_入$)、温度($T_入$)、回流的流量($Q_回$)、回流液温度($T_回$)、加热蒸汽流量($Q_蒸$)、冷凝器冷却温度及塔压等。这些因素都会影响被控变量($T_灵$)的变化。那么,选择哪一个变量作为操纵变量呢?

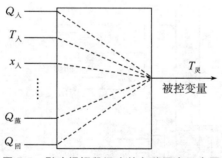

图 7-5　影响提馏段温度的各种因素示意图

首先将这些影响因素分为两大类,即可控的和不可控的。从工艺角度看,本例中只有回流量和蒸汽流量为可控因素,其他为不可控因素。在两个可控因素中,蒸汽流量对提馏段温度的影响比回流量更及时、更显著。同时,从节能角度来讲,控制蒸汽流量比控制回流量消耗的能量要小,所以通常应选择蒸汽流量作为操纵变量。

根据以上分析,概括来说,操纵变量的选择原则主要有以下几条。

(1)操纵变量应是可控的,即工艺上允许调节的变量。

(2)操纵变量一般应比其他干扰对被控变量的影响更加灵敏。

(3)在选择操纵变量时,除了从自动化角度考虑外,还要考虑工艺的合理性与生产的经济性。

任务 7.2   设计精馏塔控制系统

［任务描述］

本次任务是根据精馏塔的控制要求，设计出符合生产和安全要求的质量控制和非质量控制方案。

［任务目标］

了解精馏塔的控制要求，能根据精馏塔控制要求选择合适的被控变量。

［相关知识］

精馏是石油、化工等众多生产过程中广泛应用的一种传质过程，通过精馏过程，使混合物料中的各组分分离，分别达到规定的纯度。

分离的机理是利用混合物中各组分的挥发度不同（沸点不同），使液相中的轻组分（低沸点）和汽相中的重组分（高沸点）相互转移，从而实现分离。

如图 7-6 所示，精馏装置由精馏塔、再沸器、冷凝冷却器、回流罐及回流泵等组成。

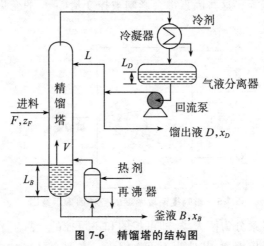

图 7-6   精馏塔的结构图

精馏塔的特点：精馏塔是一个多输入多输出的多变量过程，内在机理较复杂，动态响应迟缓、变量之间相互关联，不同的塔工艺结构差别很大，而工艺对控制提出的要求又较高，所以确定精馏塔的控制方案是一个极为重要的课题。而且，从能耗的角度来看，精馏塔是三传一反典型单元操作中能耗最大的设备。

一、精馏塔的基本关系

1. 物料平衡关系

总物料平衡为

$$F = D + B \tag{7-1}$$

轻组分平衡为

$$Fz_f = Dx_D + Bx_B \tag{7-2}$$

$$D/F = z_f - x_B / x_D - x_B \tag{7-3}$$

2. 能量平衡关系

$$\frac{V}{F} = \beta\ln\frac{x_D(1-x_B)}{x_B(1-x_D)} \tag{7-4}$$

对于一个既定的塔,包括进料组分一定,只要 D/F 和 V/F 一定,这个塔的分离结果,即 x_D 和 x_B 将被完全确定;也就是说,由一个塔的物料平衡关系与能量平衡关系两个方程式,可以确定塔顶与塔底组分待定因素。

二、精馏塔的控制要求

精馏塔的控制目标是,在保证产品质量合格的前提下,使塔的总收益(利润)最大或总成本最小。具体对一个精馏塔来说,需从四个方面考虑,设置必要的控制系统。

1. 产品质量控制

塔顶或塔底产品之一合乎规定的纯度,另一端成品维持在规定的范围内。

2. 物料平衡控制

进出物料平衡,即塔顶、塔底采出量应和进料量平衡,维持塔的正常平稳操作以及上下工序的协调工作。物料平衡的控制是以冷凝液罐(回流罐)与塔釜液位稳定(介于规定的上、下限之间)为目标的。

3. 能量平衡控制

精馏塔的输入、输出能量应平衡,使塔内的操作压力维持稳定。

4. 约束条件控制(液泛限、漏液限、压力限、临界温差限等)

为了防止液泛和漏液,可以通过塔压降或压差来监视气相速度。压力限是指塔的操作压力的限制,一般是最大操作压力限,即塔的操作压力不能过大;否则,会影响塔的气液平衡,严重超限甚至会影响安全生产。临界温差是指再沸器两侧间的温差,当这一温差低于临界温差时,给热系数急剧下降,不能保证塔的正常传热的需要。

5. 精馏塔的主要干扰因素

精馏塔的主要干扰因素为进料状态,即进料流量 F、进料组分 z_f、进料温度 T_f 或热焓 F_E。

此外,冷剂与热剂的压力、温度及环境温度等因素也会影响精馏塔的平衡操作。

所以,在精馏塔的整体方案确定时,如果工艺允许,能把精馏塔进料量、进料温度或热焓加以定值控制,这对精馏塔的操作平稳是极为有利的。

三、精馏塔被控变量的选择

通常,精馏塔的质量指标选取有两类:直接的产品成分信号和间接的温度信号。

1. 采用产品成分作为直接质量指标

成分分析仪表的制约因素:

(1)分析仪表的可靠性差;

（2）分析测量过程滞后大，反应缓慢；

（3）成分分析针对不同的产品组分，在品种上较难一一满足。

2. 采用温度作为间接质量指标

温度作为间接质量指标，是精馏塔质量控制中应用最早也是目前最常见的一种。

对于一个二元组分精馏塔来说，在一定的压力下，沸点和产品的成分有单值的对应关系，因此，只要塔压恒定，塔板的温度就反映了成分。

对于多元精馏过程来说，情况较复杂。然而，在炼油和石化生产中，许多产品都是由一系列碳氢化合物的同系物所组成；此时，在一定的压力下，温度与成分之间也有近似的对应关系，即压力一定时，保持一定的温度，成分的误差可忽略不计。在其余情况下，温度参数也有可能在一定程度上反映成分的变化。

（1）温度点的位置。

若希望保持塔顶产品质量符合要求时，即顶部馏出液为主要产品，应把间接反映质量的温度检测点放在塔顶，构成所谓的精馏段温控系统。

同样，为了保证塔底产品符合质量要求，温度检测点则应放在塔底，实施提馏段温控系统。

具有粗馏作用的切割塔，此时温度检测点的位置应视要求产品的纯度的严格程度而定。

中温控制：把温度检测点放在进料板附近的塔板上，目的是及时发现操作线的移动情况，兼顾塔顶和塔底组分变化。

（2）灵敏板问题。

采用塔顶（或塔底）温度作为间接质量指标时，实际上把温度检测放置在塔顶（或塔底）是极为少数的，通常是把温度检测点放在进料板与塔顶（底）之间的灵敏板上。

所谓灵敏板，是当塔受到干扰或控制作用时，塔内各板的组分都将发生变化，随之各塔板的温度也将发生变化，当达到新的稳态时温度变化最大的那块塔板即为灵敏板。

灵敏板的选择要先根据测算确定大致位置，然后在它的附近设置多个检测点，从中选择最佳的测量点作为灵敏板。

四、精馏塔的整体控制方案

精馏塔自动
控制系统设计

精馏塔是一个多输入多输出的多变量、分布参数、非线性的被控过程，可供选择的被控变量和操纵变量众多，所以精馏塔的控制方案有很多，而且很难简单判断哪个方案是最佳的。

当选用塔顶部产品馏出物流量 D 或塔底采出液量 B 来作为操纵变量控制产品质量时，称为物料平衡控制；

而当选用塔顶部回流 L 或再沸器加热量 $Q(V)$ 来作为操纵变量控制产品质量时，称为能量平衡控制。

1.传统的物料(能量)平衡控制

控制方案的主要特点是无质量反馈控制，它们属于产品质量开环控制，只要保持 D/F(或 B/F)和 V/F(或回流比)一定，完全按物料及能量平衡关系进行控制。

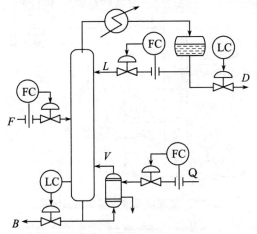

图 7-7　固定回流量 L 和加热蒸汽量 $Q(V)$

它适用于产品质量要求不高以及扰动不多的场合。该方案(图 7-7)结构简单，但适应性不高，目前应用不多。

2.质量指标反馈控制

一般来说，精馏塔的质量指标只设定一个，分别称为精馏段控制和提馏段控制。

能量平衡控制的操纵变量为 L 或 $Q(V)$；物料平衡控制的操纵变量为 D 或 B。被控变量除了质量指标外，尚有回流罐液位 L_D、塔釜液位 L_B。四个操纵变量与三个被控变量进行配对，将富裕出一个操纵变量，这个操纵变量往往采用本身流量恒定。它们经配对后，较为常用的基本方案有两种。

(1)精馏段温度控制方案(图 7-8)。

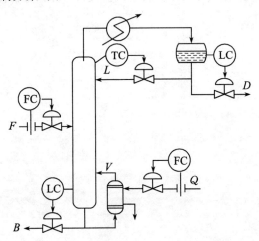

图 7-8　精馏段温度控制固定加热蒸汽量

（2）提馏段温度控制方案（图7-9）。

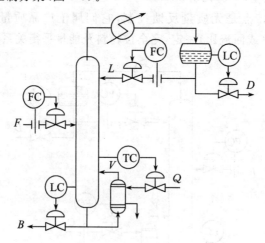

图7-9　提馏段温度控制固定回流量

思考题

1.如何选择被控变量？

2.如何选择操纵变量？

3.工艺要求利用回流量来控制精馏塔塔顶温度 T（简单控制系统），为保证塔正常操作，回流量不允许中断。

（1）指出构成控制系统时的被控变量、操纵变量、主要干扰是什么。

（2）画出控制流程图并确定执行器类型。

（3）选择控制器的作用方向。

（4）画出简单控制系统方框图。

（5）简单说明该系统克服干扰的过程（可设温度 T 升高，分析控制动作过程）。

附录

附录 1 常用压力表规格及型号

名称	型号	结构	测量范围/MPa	精度等级
弹簧管压力表	Y-60	径向	$-0.1\sim0,0\sim0.1,0\sim0.16,0\sim0.25,$ $0\sim0.4,0\sim0.6,0\sim1,0\sim1.6,$ $0\sim0.25,0\sim4,0\sim6$	2.5
	Y-60T	径向带后边		
	Y-60Z	轴向无边		
	Y-60ZQ	轴向带前边		
	Y-100	径向	$-0.1\sim0,-0.1\sim0.06,-0.1\sim0.15,$ $-0.1\sim0.3,$ $-0.1\sim0.5,-0.1\sim0.9,-0.1\sim1.5,$ $-0.1\sim2.4,$ $0\sim0.1,0\sim0.16,0\sim0.25,0\sim0.4,0\sim0.6$ $0\sim1,0\sim1.6,0\sim2.5,0\sim4,0\sim6$ 同上	1.5
	Y-100T	径向带后边		
	Y-100TQ	径向带后边		
	Y-150	径向		
	Y-150T	径向带后边		
	Y-150TQ	径向带前边		
	Y-100	径向	$0\sim10,0\sim16,0\sim25,0\sim40,0\sim60$	1.5
	Y-100T	径向带后边		
	Y-100TQ	径向带前边		
	Y-150	径向		
	Y-150T	径向带后边		
	Y-150TQ	径向带前边		
电接点压力表	YX-150	径向	$-0.1\sim0.1,-0.1\sim0.15,-0.1\sim0.3,$ $-0.1\sim0.5$	1.5
	YX-150TQ	径向带前边	$-0.1\sim-0.9,-0.1\sim1.5,-0.1\sim2.4,0$ $\sim0.1,$ $0\sim0.16,0\sim0.25,0\sim0.4,0\sim0.6,$ $0\sim1,0\sim16,0\sim2.5,0\sim4,0\sim6$	
	YX150A	径向	$0\sim10,0\sim16,0\sim25,0\sim40,0\sim60$	
	YX-150TQ	径向带前边		
	YX-150	径向	$-0.1\sim0$	
活塞式压力计	YS-2.5	台式	$-0.1\sim0.25$	0.02 0.05
	YS-6	台式	$0.04\sim0.6$	
	YS-60	台式	$0.1\sim6$	
	YS-600	台式	$1\sim60$	

附录 2 铂铑₁₀-铂热电偶分度表

分度号 S   单位:mV

℃	0	1	2	3	4	5	6	7	8	9
0	0.000	0.005	0.011	0.016	0.022	0.027	0.033	0.038	0.044	0.050
10	0.055	0.061	0.067	0.072	0.078	0.084	0.090	0.095	0.101	0.107
20	0.113	0.119	0.125	0.131	0.137	0.143	0.149	0.155	0.161	0.167
30	0.173	0.179	0.185	0.191	0.197	0.204	0.210	0.216	0.222	0.229
40	0.235	0.241	0.248	0.254	0.260	0.267	0.273	0.280	0.286	0.292
50	0.299	0.305	0.312	0.319	0.325	0.332	0.338	0.345	0.352	0.358
60	0.365	0.372	0.378	0.385	0.392	0.399	0.405	0.412	0.419	0.426
70	0.433	0.440	0.446	0.453	0.460	0.467	0.474	0.481	0.488	0.495
80	0.502	0.509	0.516	0.523	0.530	0.538	0.545	0.552	0.559	0.566
90	0.573	0.580	0.588	0.595	0.602	0.609	0.617	0.624	0.631	0.639
100	0.646	0.653	0.661	0.668	0.675	0.683	0.690	0.698	0.705	0.713
110	0.720	0.727	0.735	0.743	0.750	0.758	0.765	0.773	0.780	0.788
120	0.795	0.803	0.811	0.818	0.826	0.834	0.841	0.849	0.857	0.865
130	0.872	0.880	0.888	0.896	0.903	0.911	0.919	0.927	0.935	0.942
140	0.950	0.958	0.966	0.974	0.982	0.990	0.998	1.006	1.013	1.021
150	1.029	1.037	1.045	1.053	1.061	1.069	1.077	1.085	1.094	1.102
160	1.110	1.118	1.126	1.134	1.142	1.150	1.158	1.167	1.175	1.183
170	1.191	1.199	1.207	1.216	1.224	1.232	1.240	1.249	1.257	1.265
180	1.273	1.282	1.290	1.298	1.307	1.315	1.323	1.332	1.340	1.348
190	1.357	1.365	1.373	1.382	1.390	1.399	1.407	1.415	1.424	1.432
200	1.441	1.449	1.458	1.466	1.475	1.483	1.492	1.500	1.509	1.517
210	1.526	1.534	1.543	1.551	1.560	1.569	1.577	1.586	1.594	1.603
220	1.612	1.620	1.629	1.638	1.646	1.655	1.663	1.672	1.681	1.690
230	1.698	1.707	1.716	1.724	1.733	1.742	1.751	1.759	1.768	1.777
240	1.786	1.794	1.803	1.812	1.821	1.829	1.838	1.847	1.856	1.865
250	1.874	1.882	1.891	1.900	1.909	1.918	1.927	1.936	1.944	1.953
260	1.962	1.971	1.980	1.989	1.998	2.007	2.016	2.025	2.034	2.043
270	2.052	2.061	2.070	2.078	2.087	2.096	2.105	2.114	2.123	2.132

℃	0	1	2	3	4	5	6	7	8	9
280	2.141	2.151	2.160	2.169	2.178	2.187	2.196	2.205	2.214	2.223
290	2.232	2.241	2.250	2.259	2.268	2.277	2.287	2.296	2.305	2.314
300	2.323	2.332	2.341	2.350	2.360	2.369	2.378	2.387	2.396	2.405
310	2.415	2.424	2.433	2.442	2.451	2.461	2.470	2.479	2.488	2.497
320	2.507	2.516	2.525	2.534	2.544	2.553	2.562	2.571	2.581	2.590
330	2.599	2.609	2.618	2.627	2.636	2.646	2.655	2.664	2.674	2.683
340	2.692	2.702	2.711	2.720	2.730	2.739	2.748	2.758	2.767	2.776
350	2.786	2.795	2.805	2.814	2.823	2.833	2.842	2.851	2.861	2.870
360	2.880	2.889	2.899	2.908	2.917	2.927	2.936	2.946	2.955	2.965
370	2.974	2.983	2.993	3.002	3.012	3.021	3.031	3.040	3.050	3.059
380	3.069	3.078	3.088	3.097	3.107	3.116	3.126	3.135	3.145	3.154
390	3.164	3.173	3.183	3.192	3.202	3.212	3.221	3.231	3.240	3.250
400	3.259	3.269	3.279	3.288	3.298	3.307	3.317	3.326	3.336	3.346
410	3.355	3.365	3.374	3.384	3.394	3.403	3.413	3.423	3.432	3.442
420	3.451	3.461	3.471	3.480	3.490	3.500	3.509	3.519	3.529	3.538
430	3.548	3.558	3.567	3.577	3.587	3.596	3.606	3.616	3.626	3.635
440	3.645	3.655	3.664	3.674	3.684	3.694	3.703	3.713	3.723	3.732
450	3.742	3.752	3.762	3.771	3.781	3.791	3.801	3.810	3.820	3.830
460	3.840	3.850	3.859	3.869	3.879	3.889	3.898	3.908	3.918	3.928
470	3.938	3.947	3.957	3.967	3.977	3.987	3.997	4.006	4.016	4.026
480	4.036	4.046	4.056	4.065	4.075	4.085	4.095	4.105	4.115	4.125
490	4.134	4.144	4.154	4.164	4.174	4.184	4.194	4.204	4.213	4.223
500	4.233	4.243	4.253	4.263	4.273	4.283	4.293	4.303	4.313	4.323
510	4.332	4.342	4.352	4.362	4.372	4.382	4.392	4.402	4.412	4.422
520	4.432	4.442	4.452	4.462	4.472	4.482	4.492	4.502	4.512	4.522
530	4.532	4.542	4.552	4.562	4.572	4.582	4.592	4.602	4.612	4.622
540	4.632	4.642	4.652	4.662	4.672	4.682	4.692	4.702	4.712	4.722
550	4.732	4.742	4.752	4.762	4.772	4.782	4.793	4.803	4.813	4.823
560	4.833	4.843	4.853	4.863	4.873	4.883	4.893	4.904	4.914	4.924
570	4.934	4.944	4.954	4.964	4.974	4.984	4.995	5.005	5.015	5.025

℃	0	1	2	3	4	5	6	7	8	9
580	5.035	5.045	5.055	5.066	5.076	5.086	5.096	5.106	5.116	5.127
590	5.137	5.147	5.157	5.167	5.178	5.188	5.198	5.208	5.218	5.228
600	5.239	5.249	5.259	5.269	5.280	5.290	5.300	5.310	5.320	5.331
610	5.341	5.351	5.361	5.372	5.382	5.392	5.402	5.413	5.423	5.433
620	5.443	5.454	5.464	5.474	5.485	5.495	5.505	5.515	5.526	5.536
630	5.546	5.557	5.567	5.577	5.588	5.598	5.608	5.618	5.629	5.639
640	5.649	5.660	5.670	5.680	5.691	5.701	5.712	5.722	5.732	5.743
650	5.753	5.763	5.774	5.784	5.794	5.805	5.815	5.826	5.836	5.846
660	5.857	5.867	5.878	5.888	5.898	5.909	5.919	5.930	5.940	5.950
670	5.961	5.971	5.982	5.992	6.003	6.013	6.024	6.034	6.044	6.055
680	6.065	6.076	6.086	6.097	6.107	6.118	6.128	6.139	6.149	6.160
690	6.170	6.181	6.191	6.202	6.212	6.223	6.233	6.244	6.254	6.265
700	6.275	6.286	6.296	6.307	6.317	6.328	6.338	6.349	6.360	6.370
710	6.381	6.391	6.402	6.412	6.423	6.434	6.444	6.455	6.465	6.476
720	6.486	6.497	6.508	6.518	6.529	6.539	6.550	6.561	6.571	6.582
730	6.593	6.603	6.614	6.624	6.635	6.646	6.656	6.667	6.678	6.688
740	6.699	6.710	6.720	6.731	6.742	6.752	6.763	6.774	6.784	6.795
750	6.806	6.817	6.827	6.838	6.849	6.859	6.870	6.881	6.892	6.902
760	6.913	6.924	6.934	6.945	6.956	6.967	6.977	6.988	6.999	7.010
770	7.020	7.031	7.042	7.053	7.064	7.074	7.085	7.096	7.107	7.117
780	7.128	7.139	7.150	7.161	7.172	7.182	7.193	7.204	7.215	7.226
790	7.236	7.247	7.258	7.269	7.280	7.291	7.302	7.312	7.323	7.334
800	7.345	7.356	7.367	7.378	7.388	7.399	7.410	7.421	7.432	7.443
810	7.454	7.465	7.476	7.487	7.497	7.508	7.519	7.530	7.541	7.552
820	7.563	7.574	7.585	7.596	7.607	7.618	7.629	7.640	7.651	7.662
830	7.673	7.684	7.695	7.706	7.717	7.728	7.739	7.750	7.761	7.772
840	7.783	7.794	7.805	7.816	7.827	7.838	7.849	7.860	7.871	7.882
850	7.893	7.904	7.915	7.926	7.937	7.948	7.959	7.970	7.981	7.992
860	8.003	8.014	8.026	8.037	8.048	8.059	8.070	8.081	8.092	8.103
870	8.114	8.125	8.137	8.148	8.159	8.170	8.181	8.192	8.203	8.214

（续表）

℃	0	1	2	3	4	5	6	7	8	9
880	8.226	8.237	8.248	8.259	8.270	8.281	8.293	8.304	8.315	8.326
890	8.337	8.348	8.360	8.371	8.382	8.393	8.404	8.416	8.427	8.438
900	8.449	8.460	8.472	8.483	8.494	8.505	8.517	8.528	8.539	8.550
910	8.562	8.573	8.584	8.595	8.607	8.618	8.629	8.640	8.652	8.663
920	8.674	8.685	8.697	8.708	8.719	8.731	8.742	8.753	8.765	8.776
930	8.787	8.798	8.810	8.821	8.832	8.844	8.855	8.866	8.878	8.889
940	8.900	8.912	8.923	8.935	8.946	8.957	8.969	8.980	8.991	9.003
950	9.014	9.025	9.037	9.048	9.060	9.071	9.082	9.094	9.105	9.117
960	9.128	9.139	9.151	9.162	9.174	9.185	9.197	9.208	9.219	9.231
970	9.242	9.254	9.265	9.277	9.288	9.300	9.311	9.323	9.334	9.345
980	9.357	9.368	9.380	9.391	9.403	9.414	9.426	9.437	9.449	9.460
990	9.472	9.483	9.495	9.506	9.518	9.529	9.541	9.552	9.564	9.576

附录3　镍铬-铜镍热电偶分度表

分度号 E　　　　　　　　　　　　　　　　　　　　　　　　单位：mV

℃	0	10	20	30	40	50	60	70	80	90
0	0.000	0.591	1.192	1.801	2.419	3.047	3.683	4.329	4.983	5.646
100	6.317	6.996	7.683	8.377	9.078	9.787	10.501	11.222	11.949	12.681
200	13.419	14.161	14.909	15.661	16.417	17.178	17.942	18.710	19.481	20.256
300	21.033	21.814	22.597	23.383	24.171	24.961	25.754	26.549	27.345	28.143
400	28.943	29.744	30.546	31.350	32.155	32.960	33.767	34.574	35.382	36.190
500	36.999	37.808	38.617	39.426	40.236	41.045	41.853	42.662	43.470	44.278
600	45.085	45.891	46.697	47.502	48.306	49.109	49.911	50.713	51.513	52.312
700	53.110	53.907	54.703	55.498	56.291	57.083	57.873	58.663	59.451	60.237
800	61.022	61.806	62.588	63.368	64.147	64.924	65.700	66.473	67.245	68.015
900	68.783	69.549	70.313	71.075	71.835	72.593	73.350	74.104	74.857	75.608
1 000	76.358	—	—	—	—	—	—	—	—	—

附录 4 镍铬-镍硅热电偶分度表

分度号 K   单位:mV

℃	0	10	20	30	40	50	60	70	80	90
0	0	0.397	0.798	1.203	1.611	2.022	2.436	2.85	3.266	3.681
100	4.095	4.508	4.919	5.327	5.733	6.137	6.539	6.939	7.338	7.737
200	8.137	8.537	8.938	9.341	9.745	10.151	10.56	10.969	11.381	11.793
300	12.207	12.623	13.039	13.456	13.874	14.292	14.712	15.132	15.552	15.974
400	16.395	16.818	17.241	17.664	18.088	18.513	18.938	19.363	19.788	20.214
500	20.64	21.066	21.493	21.919	22.346	22.772	23.198	23.624	24.05	24.476
600	24.902	25.327	25.751	26.176	26.599	27.022	27.445	27.867	28.288	28.709
700	29.128	29.547	29.965	30.383	30.799	31.214	31.214	32.042	32.455	32.866
800	33.277	33.686	34.095	34.502	34.909	35.314	35.718	36.121	36.524	36.925
900	37.325	37.724	38.122	38.915	38.915	39.31	39.703	40.096	40.488	40.879
1000	41.269	41.657	42.045	42.432	42.817	43.202	43.585	43.968	44.349	44.729
1100	45.108	45.486	45.863	46.238	46.612	46.985	47.356	47.726	48.095	48.462
1200	48.828	49.192	49.555	49.916	50.276	50.633	50.99	51.344	51.697	52.049
1300	52.398	52.747	53.093	53.439	53.782	54.125	54.466	54.807	—	—